水利水电建筑工程高水平专业群工作手册式系列教材

水利工程造价管理软件实训

主　编　张梦宇　张　旭　曾凡博
副主编　韦　黎　靳　玮　岁彩云
主　审　梁建林　王飞寒

中国水利水电出版社
www.waterpub.com.cn
·北京·

内 容 提 要

本书是水利水电建筑工程高水平专业群工作手册式系列教材，是根据高职院校双高建设项目要求编写而成的。全书共有2个工作任务，主要内容为水利工程设计概算文件编制和水利工程投标文件编制。

本书可供高职高专水利类水利水电建筑工程、水利水电工程技术、水利工程、工程造价（水利工程造价方向）等专业教学使用，也可供水利类相关专业教学使用及相关专业工程技术人员学习参考。

图书在版编目（CIP）数据

水利工程造价管理软件实训 / 张梦宇，张旭，曾凡博主编. -- 北京 : 中国水利水电出版社，2022.5
水利水电建筑工程高水平专业群工作手册式系列教材
ISBN 978-7-5226-0851-8

Ⅰ. ①水… Ⅱ. ①张… ②张… ③曾… Ⅲ. ①水利工程－造价管理－技术培训－教材 Ⅳ. ①TV512

中国版本图书馆CIP数据核字(2022)第125843号

书　　名	水利水电建筑工程高水平专业群工作手册式系列教材 **水利工程造价管理软件实训** SHUILI GONGCHENG ZAOJIA GUANLI RUANJIAN SHIXUN
作　　者	主　编　张梦宇　张　旭　曾凡博 副主编　韦　黎　靳　玮　岁彩云 主　审　梁建林　王飞寒
出版发行	中国水利水电出版社 （北京市海淀区玉渊潭南路1号D座　100038） 网址：www.waterpub.com.cn E-mail：sales@mwr.gov.cn 电话：（010）68545888（营销中心）
经　　售	北京科水图书销售有限公司 电话：（010）68545874、63202643 全国各地新华书店和相关出版物销售网点
排　　版	中国水利水电出版社微机排版中心
印　　刷	清淞永业（天津）印刷有限公司
规　　格	184mm×260mm　16开本　7.5印张　183千字
版　　次	2022年5月第1版　2022年5月第1次印刷
印　　数	0001—2500册
定　　价	**32.00**元

前言

本书是贯彻落实《国家职业教育改革实施方案》（国发〔2019〕4号）、《国家中长期教育改革和发展规划纲要（2010—2020年）》、《国务院关于加快发展现代职业教育的决定》（国发〔2014〕19号）和《水利部教育部关于进一步推进水利职业教育改革发展的意见》（水人事〔2013〕121号）等文件精神，编写的工作手册式系列教材。

本书以工程项目为载体，共划分为2个工作任务，内容包括水利工程设计概算文件编制和水利工程投标文件编制。两个教学任务的内容由简单到复杂，形式按照工作流程突出学生的软件操作技能和应用。主要特点是基于工作任务构建框架体系，任务驱动注重实践能力，与职业技能等级考试相对接，具有先进性、实用性。

本书编写人员及编写分工如下：黄河水利职业技术学院张梦宇编写工作须知，黄河水利职业技术学院张旭、郑州金控计算机软件有限公司韦黎和开封市柳园口灌区管理所靳玮编写工作任务1，郑州金控计算机软件有限公司曾凡博和岁彩云编写工作任务2。全书由张梦宇统稿，张梦宇、张旭、曾凡博担任主编，韦黎、靳玮、岁彩云担任副主编，黄河水利职业技术学院梁建林教授、王飞寒教授担任主审。

本书在编写过程中得到了各院校的专家、教授的支持帮助，同时参考了不少相关资料、著作、教材，对提供帮助的同仁及资料、著作、教材的作者，在此一并致以诚挚的谢意！

由于编者水平有限，书中难免存在错漏和不足之处，恳请广大师生及专家、读者批评指正。

编者

2022年5月

前言

目 录

前言

工作须知 …… 1

工作任务 1　水利工程设计概算文件编制 …… 4

1.1　工作任务 …… 4

1.2　工作目标 …… 23

1.3　任务分组 …… 23

1.4　引导问题 …… 23

1.5　工作计划 …… 24

1.6　进度决策 …… 24

1.7　工作实施 …… 24

1.8　评价反馈 …… 52

1.9　相关知识点 …… 53

工作任务 2　水利工程投标文件编制 …… 63

2.1　工作任务 …… 63

2.2　实训目标 …… 87

2.3　任务分组 …… 87

2.4　引导问题 …… 87

2.5　工作计划 …… 88

2.6　进度决策 …… 88

2.7　工作实施 …… 88

2.8　评价反馈 …… 106

2.9　相关知识点 …… 107

工作须知

1. 课程性质

“水利工程造价管理软件实训”是一门基于工作过程开发的学习领域课程，是工程造价、水利水电建筑工程、工程监理等专业的职业核心实训课程。

2. 课程目标

通过本课程的学习，学生应达到以下目标：

（1）熟练掌握水利工程项目划分及水利工程费用构成。

（2）熟练掌握基础单价编制方法（包括主材价格，电、风、水价格，混凝土材料单价等）。

（3）熟练掌握建筑与安装工程单价编制方法及注意事项。

（4）熟练掌握设计概算文件组成及各分部的编制方法。

（5）熟练掌握投标文件组成及工程量清单报价编制方法。

（6）熟练掌握利用水利工程造价软件编制水利工程概算文件。

（7）熟练掌握使用水利工程造价软件编制水利工程招投标文件。

3. 工作任务（项目）

本实训教材有 2 个工作任务。

（1）工作任务 1　水利工程设计概算文件编制。

（2）工作任务 2　水利工程投标文件编制。

4. 组织形式

本课程提倡行动导向的教学，基于工程项目，按照咨询—计划—决策—实施—检查—评价等步骤，进行组织教学，以学生为中心，学生在合作中完成工作任务。

5. 进程安排

“水利工程造价管理软件应用实训”学习情境设计见表 0.1。根据课程要求完成下列 2 个任务。

表 0.1　　学习情境设计表

序号	学习任务	学习任务简介	学时
1	水利工程设计概算文件编制	1. 水利工程造价管理软件简介 2. 编制设计概算文件中建筑工程部分清单单价 3. 编制设计概算文件中机电设备及安装工程、金属结构设备及安装工程部分安装及设备单价 4. 编制设计概算文件中施工临时工程部分清单单价 5. 编制设计概算文件中独立费部分	1 周

续表

序号	学习任务	学习任务简介	学时
2	水利工程投标文件编制	1. 掌握投标文件的组成 2. 掌握水利工程工程量清单计价的编制要求 3. 掌握工程量清单报价表填写规定 4. 掌握利用水利工程造价管理软件编制投标文件	1周

6. 成果要求

提交《水利工程初步设计报告——设计概算部分》《水利工程投标文件——商务标部分》各1份（包含各文件的Excel计算表）。

7. 考核评价

考核评价主要用于教师对学生每个学习任务完成情况进行评价，本课程考核评价表见表0.2，由每个学习任务汇总形成。

表0.2　　学生实训成绩汇总表

学号	姓名	工作任务1		工作任务2		总评
		分值	权重（60%）	分值	权重（40%）	

8. 参考资料

（1）水利部水利建设经济定额站．水利工程设计概（估）算编制规定［M］. 北京：中国水利水电水利出版社，2015.

（2）水利部水利建设经济定额站. 水利建筑工程概算定额（上、下册）［M］. 郑州：黄河水利出版社，2002.

（3）水利部水利建设经济定额站. 水利水电工程安装工程预算定额［M］. 郑州：黄河水利出版社，2006.

（4）水利部水利建设经济定额站. 水利水电设备安装工程概算定额［M］. 郑州：黄河水利出版社，2002.

（5）水利部水利建设经济定额站. 水利工程概预算补充定额［M］. 郑州：黄河水利出版社，2007.

（6）水利部水利建设经济定额站. 水利工程施工机械台时费定额［M］. 郑州：黄河水利出版社，2021.

（7）GB 50501—2007　水利工程工程量清单计价规范［S］

（8）办水总〔2016〕132号，水利工程营业税改征增值税计价依据调整办法。

（9）办财务函〔2019〕448号，调整水利工程计价依据增值税计算标准。

（10）发改价格〔2006〕1352号，水利、电力建设项目前期工作工程勘察收费暂行规定。

（11）计价格〔2002〕10 号，工程勘察设计收费管理规定。

（12）计价格〔1999〕1283 号，建设项目前期工作咨询收费暂行规定。

（13）监理发改价格〔2007〕670 号，建设工程监理与相关服务收费管理规定。

（14）发改价格〔2006〕1352 号，水利水电电力工程勘察收费标准。

工作任务1　水利工程设计概算文件编制

1.1　工作任务

根据某水库工程初步设计报告（部分摘选），安装水利工程造价管理软件，完成初步设计报告文件中设计概算部分。

××××水库工程

初 步 设 计 报 告

总 目 录

水利部〔2019〕××号“关于报送××××水库工程可行性研究报告审查意见的函”
水利部〔2021〕××号“关于××××水库工程初步设计报告的批复”
工程特性表
1 综合说明
2 水文
3 工程地质
4 工程任务和规模
5 工程布置及建筑物
6 水利机械、电工、金属结构及采暖通风
7 消防设计
8 施工组织设计
9 工程管理设计
10 水库淹没处理及工程永久占地
11 环境保护设计
12 水土保持
13 节能与降耗
14 设计概算
15 经济评价
16 初步设计附图

8　施工组织设计

8.1　土方工程

覆盖层开挖：$2m^3$ 挖掘机挖Ⅳ类土装 20t 自卸汽车运 2km 至弃渣场。

8.2　石方工程

8.2.1　挡水工程石方开挖

石方明挖：150 型潜孔钻爆Ⅺ～Ⅻ级岩石，孔深＞9m，$4m^3$ 挖掘机装 32t 自卸汽车运 3km。

石方洞挖：采用三臂液压凿岩台车钻挖Ⅺ～Ⅻ级岩石，断面 $120m^2$，轴流通风机工作面长度 1000m，$3m^3$ 装载机装 20t 自卸汽车洞内运____km（需自行判断运距），洞外运 3km。

8.2.2　引水工程石方开挖

石方洞挖：75％由三臂液压凿岩台车钻挖Ⅺ～Ⅻ级岩石，开挖断面 $60m^2$，轴流通风机工作面长度 1000m；25％由风钻钻挖，开挖断面 $60m^2$，导线使用导电线，雷管使用电雷管；均用 3 m^3 装载机装 20t 自卸汽车运输，洞内运距____km（需自行判断运距），洞外运距 3km。

石方明挖：50％为 150 型潜孔钻挖Ⅺ～Ⅻ级岩石，孔深＞9m；另 50％为风钻钻孔挖同级岩石，钻孔导线使用导电线，雷管使用电雷管；均用 $4m^3$ 挖掘机装 32t 自卸汽车运 3km。

8.3　土石填筑工程

坝体填筑：①土料场覆盖层清除（Ⅱ类土）1 万 m^3，采用 88kW 推土机推运 30m；②土料开采运输采用 $1m^3$ 挖掘机装Ⅲ类土，10t 自卸汽车运 6.0km 上坝填筑。

土料压实：74kW 履带式拖拉机，8～12t 羊脚碾压实，天然干密度 $14.8kN/m^3$，设计干密度 $17kN/m^3$。

浆砌石：M15 浆砌块石平面护坡。

8.4　混凝土工程

坝体混凝土（C20、水泥强度 42.5、三级配、M30 砂浆）：$2\times1.5m^3$ 混凝土搅拌楼拌制，8t 自卸汽车运输 1km，浇筑采用机械化施工，浇筑层厚 2～3m，非碾压混凝土。

隧洞混凝土衬砌（C25、水泥强度 42.5、三级配）：混凝土泵浇筑，衬砌厚度 90cm。

挡水工程：隧洞（平洞）混凝土衬砌开挖断面＞$100m^2$，$3m^3$ 搅拌车洞内运 0.5km，洞外运 0.5km，混凝土搅拌楼 $2\times1.5m^3$。

引水工程：隧洞（平洞）混凝土衬砌开挖断面 30～$100m^2$，$3m^3$ 搅拌车洞内运 0.5km，洞外运 0.5km，混凝土搅拌楼 $2\times1.5m^3$。

闸墩混凝土（C25、水泥强度 42.5、三级配）：$2\times1.5m^3$ 混凝土搅拌楼拌制 8t 自卸汽车运输 1km。

止水：橡胶止水。

防水层：麻布沥青二布二油。

伸缩缝：沥青油毛毡三毡四油。

8.5 模板工程

挡水工程中模板采用圆形隧洞衬砌钢模板，隧洞直径 6～10m，包含制作及安装、拆除。

引水工程中模板采用圆形隧洞衬砌钢模板，隧洞直径≤6m，包含制作及安装、拆除。

8.6 钻孔灌浆及锚固工程

喷混凝土：地面护坡，有钢筋，喷浆厚 10～15cm。

基础固结灌浆：透水率 4～6Lu。Ⅺ～Ⅻ级岩石，风钻钻孔时，钻孔与水平夹角为 90°，在廊道内施工，廊道高度 2.0m，终孔孔径小于 91mm。

帷幕灌浆：150 型钻机钻Ⅺ～Ⅻ级岩石，自下而上灌浆，三排灌浆，透水率 4～6Lu，地质钻机钻孔时，钻孔与水平夹角为 90°，在廊道内施工，廊道高度 2.0m，孔深 20m。

隧洞固结灌浆：Ⅺ～Ⅻ级岩石，风钻钻孔，水泥 42.5，中低压泥浆泵，透水率 4～6Lu，隧洞高度 10m。

排水孔：风钻钻孔，Ⅺ～Ⅻ级岩石，地质钻机钻孔时，钻孔与水平夹角为 90°，在廊道内施工，廊道高度 2.0m，孔深 20m。

锚杆：地面砂浆锚杆，采用风钻钻Ⅺ～Ⅻ级岩石，ϕ25，L=5m，砂浆 M15。

8.7 其他工程

土工布：斜铺，边坡斜度 1∶1.5。

草皮护坡：人工铺草皮。

8.8 机电设备及安装工程

水轮机（25t）：横轴混流式水轮机。主要工作内容：①横轴混流式水轮机主件埋设件和本体安装；②横轴混流式水轮机配套供应的管路和部件安装；③透平油过滤、油化验和注油；④横轴混流式水轮机与水轮发电机的连轴调整。

发电机（48t）：竖轴水轮发电机。主要工作内容：①基础埋设；②竖轴水轮发电机主机和辅机安装；③竖轴水轮发电机配套供应的管路和部件安装；④磁板、转子、定子等干燥工作；⑤竖轴水轮发电机与水轮机连轴前后的检查调整；⑥电气调整、试验。

发电机（16t）：贯流式水轮发电机。主要工作内容：①基础埋设；②贯流式水轮发电机主机和辅机安装；③贯流式水轮发电机配套供应的管路和部件安装；④磁极、转子、定子等干燥工作；⑤贯流式水轮发电机与水轮机连轴前后的检查调整；⑥电气调整、试验。

变压器：三相电力变压器 220kV，容量 45000kVA 。主要工作内容：①变压器本体及附件安装；②变压器干燥；③变压器油过滤、油化验和注油；④系统电气调整、实验。

8.9 金属结构设备及安装工程

闸门：平板焊接闸门，闸门自重 25t。门座式起重机 MQ540/30 型 10～30t。主要工作内容：①闸门拼装焊接、焊缝透视检查及处理；②闸门主行走支撑装置安装；③止水装置安装；④侧反向支撑行走轮安装；⑤闸门在门槽内组合连接；⑥闸门吊杆及附件安装；⑦闸门锁定装置安装；⑧闸门吊装试验。

启闭机：卷扬式启闭机，自重15t。主要工作内容：①基础埋设；②设备本体及附件安装；③电气设备安装和调整；④与闸门连接及启闭试验。

14 设 计 概 算

14.1 简述

14.1.1 工程概况

××××水库工程位于河南省洛阳市孟津县与济源市之间，三门峡水利枢纽下游130km、河南省洛阳市以北40km的黄河干流上。枢纽由混凝土面板堆石坝、泄洪洞、溢洪道及引水发电系统组成。

面板堆石坝最大坝高122.5m，坝顶高程288.5m，总库容3.17亿m^3。

泄洪洞设1号低位和2号高位两个，其中，1号泄洪洞进口底板高程195m，洞身长600.0m；2号高位泄洪洞由导流洞改建而成，进口高程为210m，洞身长616.28m。

溢洪道为3孔净宽15.0m的开敞式溢洪道，总长度174.00m。

引水发电洞主洞洞径3.5m，洞身长677.87m。

本枢纽共设置两座水电站，大电站主厂房尺寸28.92m×13.0m×23.61m（长×宽×高），小电站主厂房尺寸27.03m×10.0m×13.17m（长×宽×高）。

大电站总装机容量为10MW，推荐采用装设2台机组的方案，其单机额定容量为5.0MW。小电站总装机容量为1.6MW，推荐采用装设2台机组的方案，其单机额定容量为0.8MW。

本工程属于大（2）型，Ⅱ等工程，工程总工期55个月。

14.1.2 概算主要指标

工程总投资100474.29万元，静态总投资99474.29万元，建设期融资利息1000万元。其中：工程部分静态总投资98274.29万元，水库淹没处理及移民安置费100万元，建设及施工场地征用费500万元，环境保护费500万元，水土保持费100万元。

14.2 编制依据

（1）投资概算编制价格水平年为2020年第一季度。

（2）办财务函〔2019〕448号《水利部办公厅关于调整水利工程计价依据增值税计算标准的通知》。

（3）办水总〔2014〕429号《水利部关于发布〈水利工程设计概（估）算编制规定〉的通知》。

（4）办水总〔2016〕132号《水利部办公厅关于印发〈水利工程营业税改征增值税计价依据调整办法〉的通知》。

（5）水利部水总〔2002〕11号《关于发布〈水利建筑工程预算定额〉、〈水利建设工程概算定额〉、〈水利工程施工机械台时费定额〉及〈水利工程设计概（估）算编制规定〉的通知》。

（6）水利部水建管〔1999〕523号《关于发布〈水利水电设备安装工程预算定额〉和〈水利水电设备安装工程概算定额〉的通知》。

14.3 基础单价

14.3.1 人工预算单价

人工工时预算单价为：工长 11.55 元/工时、高级工 10.67 元/工时、中级工 8.9 元/工时、初级工 6.13 元/工时。

14.3.2 风、水、电及砂石料单价

14.3.2.1 施工用电

工程施工用电，只有一个供电点。该供电点国家电网供电 98%，自发电 2%。国家电网供电基本单价（已包含电网单价、电力建设基金及各种按有关规定的加价）为 0.663 元/(kW·h)，高压输电线路损耗率为 4%，发电机出力系数 K_1 取 0.80，厂用电率 K_2 取 5%，变配电设备及配电线路损耗率 K_3 取 6%，供电设施维修摊销费为 0.04 元/(kW·h)。自发电采用一台移动式 40kW 柴油发电机发电，采用循环冷却水，不用水泵。单位循环冷却水费为 0.05 元/(kW·h)。

14.3.2.2 施工供水

施工用水设一个取水点供水，由 4 台单级 22kW 离水水泵供水，水泵额定流量为 155m^3/组时，水泵能量利用系数 K 取 0.8，供水损耗率 8%，供水设施维修摊销费取 0.05 元/m^3。

14.3.2.3 施工供风（循环水冷却）

工程供风系统所配备的空压机数量及主要技术指标见下表。能量利用系数 K_1 取 0.80，供风损耗率取 9%，单位循环冷却水摊销费 0.05 元/m^3，供风设施维修摊销费取 0.004 元/m^3。

供风系统主要技术指标表

空压机名称	额定容量/(m^3/min)	数量/台	额定容量之和/(m^3/min)
空压机（电动，移动式）3.0m^3/min	3	1	3

14.3.2.4 砂石料单价

中砂	125 元/m^3
粗砂	143 元/m^3
碎石	110 元/ m^3
块石	135 元/ m^3

14.3.3 主要材料预算价格

14.3.3.1 材料原价

主要材料采用工程所在地就近的厂家出厂价或交易市场批发价，另计运杂费、运输保险费及采购保管费等。材料原价如下：

汽油	7.35元/kg
柴油	5.96元/kg
水泥（42.5）	469元/t（散装）
	482元/t（袋装）
水泥（32.5）	336元/t
钢筋	4150元/t
炸药	4600元/t

14.3.3.2 主要材料运杂费、运输保险费、采购及保管费

1. 运杂费

材料运输均只考虑汽车运输，运距和运费如下：

钢材：运距150km，运输费用0.8元/(t·km)，装卸费10元/t。

水泥（42.5）：分别由甲、乙两场供应，供应比例为6∶4。袋装水泥汽车运价0.55元/(t·km)，散装水泥在袋装水泥运价基础上上浮20%；袋装水泥装车费为6.00元/t，卸车费5.00元/t，散装水泥装车费为5.00元/t，卸车费4.00元/t。不计包装费。其各水泥厂供应量及运输路径如下图所示，均为公路运输。

水泥（32.5）：运输费用0.55元/(t·km)，运距40km，装卸费11元/t。

木材：运输费用1.5元/(m^3·km)，运距150km，装卸费20元/m^3。

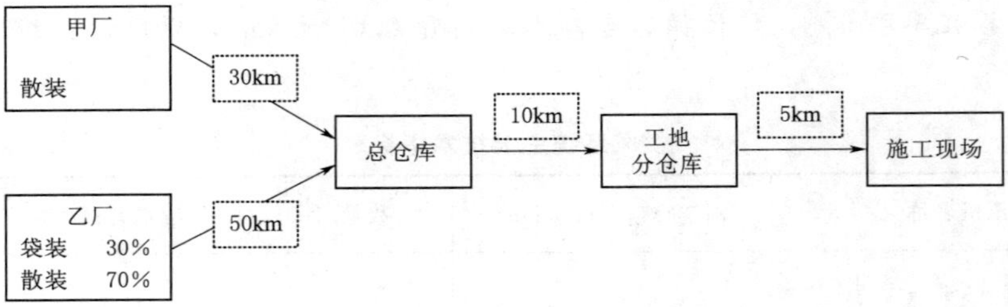

汽油、柴油：运输费用1.2元/(t·km)，运距150km，不计装卸费。

炸药：运输费用1.5元/(t·km)，运距120km，装卸费20元/t。

2. 运输保险费

木材、汽油、柴油、炸药、钢材运输保险费率按1%计取。

水泥（42.5、32.5）运输保险费率按1‰计取。

3. 采购及保管费

按办水总〔2016〕132号《水利工程营业税改征增值税计价依据调整办法》中规定计取。

14.3.4 工程单价费用标准

14.3.4.1 其他直接费率

建筑工程按直接费的7%，安装工程按直接费的7.7%计算。

14.3.4.2 间接费费率

序号	工程类别	计算基础	间接费率/%
1	土石方工程	直接费	8.5 (12.5)
2	砂石备料工程	直接费	5
3	模板工程	直接费	9.5
4	混凝土浇筑工程	直接费	9.5
5	钻孔灌浆及锚固工程	直接费	10.5
6	其他工程	直接费	10.5
7	设备安装工程	人工费	75

14.3.4.3 利润

按直接工程费与间接费之和的7%计取。

14.3.4.4 税金

按直接工程费、间接费、利润之和的9%计取。

14.4 概算编制

14.4.1 建筑工程

14.4.1.1 主体建筑工程

主体建筑工程概算按设计工程量乘以工程单价进行编制。

14.4.1.2 交通工程

永久交通造价指标，参照前期工程设计资料及当地公路工程造价指标编制。改建公路造价指标：240000元/km，1号新建道路造价指标：550000元/km，2号新建道路造价指标：1010000元/km。

14.4.1.3 房屋建筑工程

办公、生产用房、仓库面积由设计提供，生活及文化福利建筑用房按主体建筑工程投资的1.1%计算；室外工程按永久房屋建筑工程投资的15%计算。

房屋造价指标为：

办公楼	1500元/m^2
辅助生产用房	1000元/m^2
仓库	400元/m^2

14.4.1.4 其他建筑工程

安全监测设施工程（指属于建筑工程性质的内外部观测设施）根据设计提供计算，其他部分按主体建筑工程投资的1.5%计算。

表面变形标点	2000元/个
深陷标点	200元/个
水平变形控制网点	5000元/个
垂直变形控制网点	2000元/个

外部变形监测网建网及观测	450000元/项
沉降仪（含连接保护管）	20000元/套
水平位移计（含连接保护管）	26000元/套
面板挠度（电平器）	7200元/支
水平固定测斜仪（含连接杆）	12000元/支
垂直固定测斜仪（含连接杆）	12000元/支

14.4.2　设备及安装工程

主要设备原价采用市场询价，另计运杂费、保险费、采购及保管费等。推荐方案主要设备原价如下：

水轮机（25t）	70万元/台
发电机（48t）	180万元/台
发电机（16t）	48万元/台
励磁装置（大机组）	22万元/套
励磁装置（小机组）	12万元/套
变压器	70万元/台
400kW柴油发电机组	70万元/套
1000kW柴油发电机组	150万元/套
交流电焊机	0.38万元/台
直流电焊机	0.5万元/台
手拉葫芦2t	0.35万元/台
手动试压泵	1.2万元/台
氧气瓶	0.15万元/个
五金工具	0.15万元/套
工具车	15万元/辆
越野车	20万元/辆
汽船	30万元/辆
机动船	20万元/辆
闸门	13500元/t
卷扬式启闭机	48000元/t

运杂三项费用参考费率：

水轮机设备及安装工程	4.31%
发电设备及安装工程	4.31%
厂用电系统	5.94%
机修设备	5.94%
闸门设备及安装	5.94%
启闭机设备及安装	5.94%

14.4.3 临时工程

14.4.3.1 临时交通工程

参照前期工程设计资料及当地公路工程造价指标编制。

4号新建道路	54000元/km
5号新建道路	42000元/km

14.4.3.2 施工供电工程

参照前期工程设计资料编制。

14.4.3.3 临时房屋建筑工程

仓库按400元/m^2；办公、生活及文化福利建筑投资按公式计算，人均建筑面积综合指标取12m^2/人，单位造价指标取800元/m^2；全员劳动生产率取10万元/(人·年)，施工工期6年，施工高峰人数调整系数取1.1，室外工程系数取1.2，单位造价指标调整系数取0.7。

14.4.3.4 其他施工临时工程

按工程一至四部分建安工程量（不包括其他施工临时工程）之和的4%计算。

14.4.4 独立费用

14.4.4.1 建设管理费

建设管理费按一至四部分建安工程量的1.7%+460万元（辅助参数）计算。

14.4.4.2 工程建设监理费

工程建设监理费根据发改价格〔2007〕670号《建设工程监理相关服务收费管理规定》规定计算。

14.4.4.3 生产准备费

生产及管理单位提前进场费、生产职工培训费、管理用具购置费分别按一至四部分建安工程量的0.35%、0.55%、0.06%计算，备品备件购置费按设备费（同型号水轮发电机组计列一台设备费）的0.6%计算，工器具及生产家具购置费按设备费的0.1%计算。

14.4.4.4 科研勘测设计费

工程科学研究试验费按工程建安工作量的0.7%计算。

工程勘测设计费计算执行计价格〔2002〕10号《国家计委、建设部关于发布的〈工程勘察设计收费管理规定〉的通知》、发改价格〔2006〕1352号《水利、水电、电力建设项目前期工作工程勘察收费暂行规定》及计价格〔1999〕1283号《关于印发建设项目前期工作咨询费暂行规定的通知》。

14.4.4.5 其他

工程保险费，按一至四部分投资合计的4.5‰计算。

14.4.5 预备费

基本预备费，按一至五部分投资合计（不含建设及场地征用费）的6%计算，不计价差预备费。

14.4.6　建设征地移民补偿和环境保护工程投资

建设征地移民补偿和环境保护工程投资编制方法和计算标准执行移民和环境保护编制规定，根据规定计算出建设征地移民补偿投资和环境保护工程投资分别为500万元。

14.4.7 建设期融资利息

根据资金筹措方案计算，建设期融资利息为1000万元。

14.5　投资概算表

工程概算总表　　　　单位：元

序号	工程或费用名称	建安工程费	设备购置费	独立费用	合计
Ⅰ	工程部分投资				
	第一部分　建筑工程				
	第二部分　机电设备及安装工程				
	第三部分　金属结构设备及安装工程				
	第四部分　施工临时工程				
	第五部分　独立费用				
	一至五部分投资合计				
	基本预备费				
	静态投资				
Ⅱ	建设征地移民补偿投资				
	其他费用				
	一至七项小计				
	基本预备费				
	有关税费				
	静态投资				
	环境保护工程投资				
	静态投资				
	水土保持工程投资				
	静态投资				
Ⅴ	工程投资总计（Ⅰ～Ⅳ合计）				
	静态总投资				
	价差预备费				
	建设期融资利息				
	总投资				

建筑工程概算表

序号	工程或费用名称	单位	数量	单价/元	合计/元
壹	第一部分 建筑工程				
1	挡水工程				
1.1	覆盖层干挖	m^3	100000		
1.2	石方明挖	m^3	1495700		
1.3	石方洞挖	m^3	375000		
1.4	附坝填筑	m^3	100000		
1.5	浆砌石	m^3	54000		
1.6	坝体混凝土	m^3	34460		
1.7	隧洞衬砌混凝土	m^3	17000		
1.8	钢筋制安	t	10900		
1.9	模板	m^2	2800		
1.10	止水	m	5156		
1.11	防水层	m^2	4322		
1.12	伸缩缝	m^2	2135		
1.13	锚杆	根	4500		
1.14	基础固结灌浆	m	109000		
1.15	排水孔	m	52000		
1.16	帷幕灌浆	m	648000		
1.17	土工布	m^2	3520		
1.18	草皮护坡	m^2	862		
2	引水工程				
2.1	覆盖层开挖	m^3	50000		
2.2	石方明挖	m^3	434100		
2.3	石方洞挖	m^3	249000		
2.4	浆砌石	m^3	8000		
2.5	闸墩混凝土	m^3	2060		
2.6	隧洞衬砌混凝土	m^3	9300		
2.7	喷混凝土	m^3	300		
2.8	钢筋制安	t	10920		
2.9	隧洞固结灌浆	m	15700		
2.10	锚杆	根	3000		
2.11	排水孔	m	10000		
2.12	钢筋网	t	18		
3	交通工程				
3.1	对外交通工程				

续表

序号	工程或费用名称	单位	数量	单价/元	合计/元
3.1.1	改建公路	km	1.5		
3.2	场内干线工程				
3.2.1	1 号新建道路	km	3		
3.2.2	2 号新建道路	km	0.8		
4	房屋建筑工程				
4.1	办公室	m^2	1950		
4.2	辅助生产用房	m^2	1500		
4.3	生活及文化福利建筑	项	1		
4.4	室外工程	项	1		
5	其他建筑工程				
5.1	外部观测设施				
5.1.1	表面变形标点	个	2		
5.1.2	沉陷标点	个	2		
5.1.3	水平变形控制网点	个	2		
5.1.4	垂直变形控制网点	个	2		
5.1.5	外部变形监测网建网及观测	项	1		
5.2	内部监测设施				
5.2.1	沉降仪（含连接保护管）	套	1		
5.2.2	水平位移计（含连接保护管）	套	1		
5.2.3	面板挠度（电平器）	支	1		
5.2.4	水平固定测斜仪（含连接杆）	支	1		
5.2.5	垂直固定测斜仪（含连接杆）	支	1		
5.3	其他	项	1		

机电设备及安装工程概算表

序号	名称及规格	单位	数量	单价/元		合计/元	
				设备费	安装费	设备费	安装费
贰	第二部分 机电设备及安装工程						
一	水轮机设备及安装工程						
	水轮机（25t）	台	1				
	小计						
	综合运杂费用（4.31%）						
二	发电设备及安装工程						
	发电机（48t）	台	2				
	发电机（16t）	台	1				
	励磁装置（大机组）	套	2				
	励磁装置（小机组）	套	1				
	小计						
	综合运杂费用（4.31%）						
三	厂用电系统						
	变压器	台	2				
	400kW 柴油发电机组	套	1				
	1000kW 柴油发电机组	套	1				
	小计						
	综合运杂费用（5.94%）						
四	机修设备						
	交流电焊机	台	1				
	直流电焊机	台	1				
	手拉葫芦 2t	台	1				
	手动试压泵	台	1				
	氧气瓶	个	5				
	五金工具	套	1				
	小计						
	综合运杂费用（5.94%）						
五	交通设备						
	工具车	辆	2				
	越野车	辆	3				
	汽船	辆	1				
	机动船	辆	1				

金属结构设备及安装工程概算表

序号	名称及规格	单位	数量	单价/元		合计/元	
				设备费	安装费	设备费	安装费
叁	第三部分　金属结构设备及安装工程						
1	闸门设备及安装						
	闸门	t	25				
	小计						
	综合运杂费用（5.94%）						
2	启闭机设备及安装						
	启闭机	台	1				
	小计						
	综合运杂费用（5.94%）						

施工临时工程概算表

序号	工 程 名 称	单位	工程量	单价/元	合计/元
肆	第四部分　施工临时工程				
1	导流工程				
1.1	土石围堰工程				
1.1.1	袋装土石围堰填筑（编织袋黏土）	m^3	14000		
1.1.2	袋装土石围堰拆除（编织袋黏土）	m^3	13500		
2	施工交通工程				
2.1	4 号新建道路	km	1		
2.2	5 号新建道路	km	0.8		
3	施二房屋建筑工程				
3.1	施工仓库	m^2	500		
3.2	办公生活及文化福利建筑	项	1		
4	其他施工临时工程	项	1		

独立费用概算表

序号	费用名称	单位	数量/费率	单价/元	合计/元
伍	第五部分　独立费用				
一	建设管理费	万元			
二	工程建设监理费	万元			
四	生产准备费				
1	生产及管理单位提前进厂费	万元			
2	生产职工培训费	万元			
3	管理用具购置费	万元			
4	备品备件购置费	万元			
5	工器具及生产家具购置费	万元			
五	科研勘测设计费				
1	工程科学研究试验费	万元			
2	工程勘测设计费				
2.1	工程勘测费	万元			
2.2	工程设计费	万元			
2.3	前期工作工程勘察费	万元			
2.4	前期工作工程咨询费	万元			
2.4.1	编制项目建议书	万元			
2.4.2	编制可行性研究报告	万元			
2.4.3	评估项目建议书	万元			
2.4.4	评估可行性研究报告	万元			
六	其他				
1	工程保险费	万元			

次要材料预算价格汇总表

编号	名称及规格	单位	预算价格/元
1	锯材	m^3	4.28
2	型钢	kg	4.07
3	空心钢	kg	5.40
4	铁件	kg	5.22
5	电焊条	kg	5.50
6	导火线	m	4.27
7	导电线	m	1.00
8	合金钻头	个	70.00
9	氧气	m^3	6.50
10	乙炔气	m^3	9.00
11	沥青	t	2123.89
12	速凝剂	t	2800.00
13	麻布	m^2	4.80
14	钢板（综合）	kg	3.81
15	钢管	kg	4.60
16	组合钢模板	kg	27.00
17	铜材	kg	54.00
18	木材	m^3	769.23
19	火雷管	个	4.80
20	非电毫秒雷管	个	4.20
21	电雷管	个	3.10
22	导爆管	m	3.70
23	变压器油	kg	8.50
24	小石	m^3	194.17
25	黏土	m^3	38.83

续表

编号	名称及规格	单位	预算价格/元
26	土工布	m^2	6.00
27	编织袋	个	0.20
28	草皮	m^2	8.55
29	油毛毡	m^2	3.30
30	预制混凝土柱	m^3	1024.00
31	钻头 $\phi 45$	个	2.20
32	钻头 $\phi 102$	个	8.40
33	潜孔钻钻头150型	个	470.00
34	锚杆附件	kg	4.70
35	镀锌螺栓 M10～16×70～140	套	2.20
36	铁丝	kg	4.90
37	垫铁	kg	4.20
38	卡扣件	kg	2.00
39	模板	m^2	10.55
40	木柴	t	600.00
41	枕木	根	1800.00
42	橡胶止水带	m	87.00
43	酚醛层压板	m^2	28.00
44	电	kW·h	0.76
45	风	m^3	0.07
46	水	m^3	1.91
47	棉纱头	kg	10.50
48	滤油纸	张	0.70
49	石棉布	m^2	18.00
50	油漆	kg	13.50
51	DH6冲击器	套	2400.00

1.2 工作目标

（1）掌握初步设计文件的组成。

（2）掌握设计概算造价文件的组成。

（3）掌握水利工程造价软件安装步骤。

（4）编制设计概算文件中建筑工程部分清单单价。

（5）编制设计概算文件中机电设备及安装工程、金属结构设备及安装工程部分安装及设备单价。

（6）编制设计概算文件中施工临时工程部分清单单价。

（7）编制设计概算文件中独立费部分。

（8）编制设计概算文件中预备费、建设征地移民补偿、环境保护工程、建设期融资利息。

（9）编制设计概算文件中基础单价编制。

（10）导出设计概算文件。

1.3 任务分组

按照下表填写学生任务分组名单。

表 1.1　　学生任务分组表

班级		组号		指导老师	
组长		学号			
组员					
任务分二					

1.4 引导问题

引导问题 1：试简述水利工程设计概算费用的组成。

____

____

____

引导问题 2：试简述建筑工程部分费用的编制方法。

____

____

____

引导问题 3：试简述机电、金属结构设备安装工程部分费用的编制方法。

引导问题 4：试简述基础单价的编制方法。

引导问题 5：试简述独立费用的编制方法。

引导问题 6：试简述预备费、建设期融资利息、静态总投资、总投资的编制方法。

1.5　工作计划

按照已提供的水利工程初步设计报告，制订水利枢纽工程设计概算文件编制计划。

1.6　进度决策

由教师带领学生对水利枢纽工程进行任务分解、策划，为任务的实施做好准备。

1.7　工作实施

按照水利工程管理软件的操作步骤完成相关任务。

【步骤 1】 新建概预算工程文件。

（1）在软件主界面，点击软件快捷工具栏中的“新建”按钮（图 1.1）。

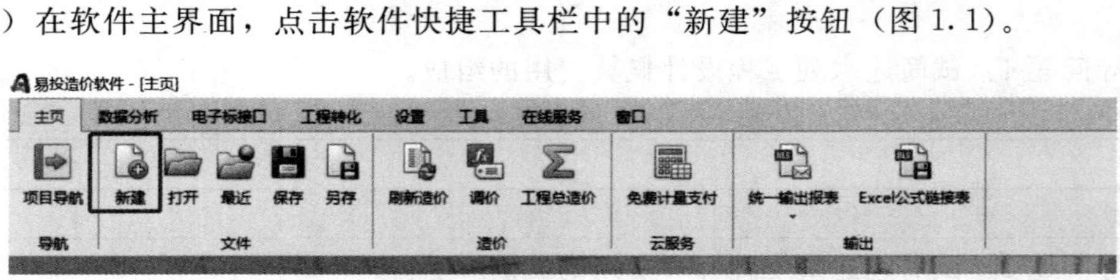

图 1.1

（2）进入新建项目对话框，输入“项目名称”（图 1.2）。

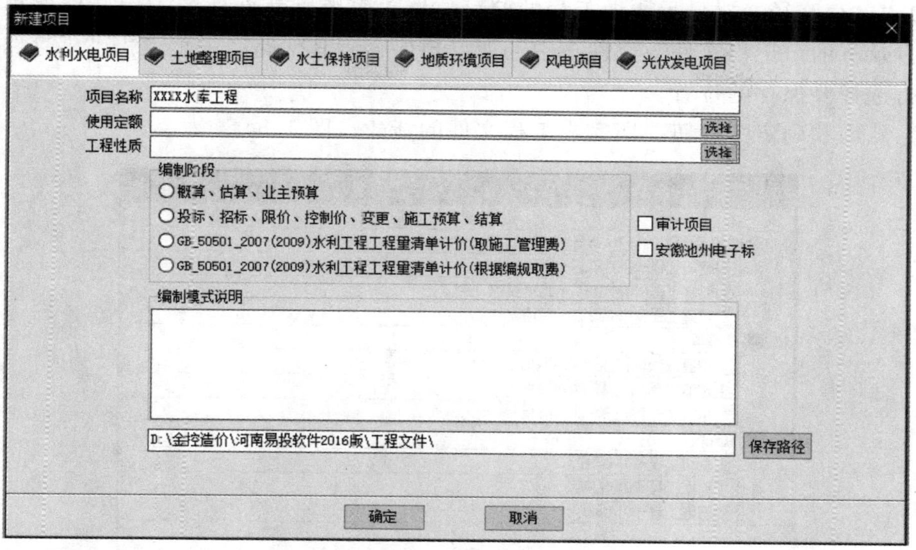

图 1.2

(3) 点击“使用定额”框后的“选择”按钮，在弹出的选择定额对话框中选择工程项目要使用的定额标准。选择“2014 编规全国 2002 水利概算定额”（图 1.3）。

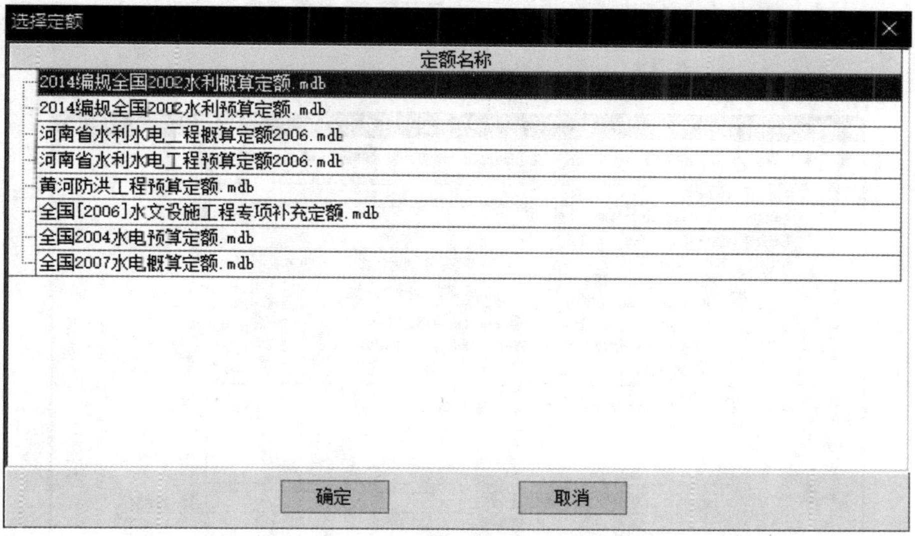

图 1.3

(4) 点击“工程性质”框后的“选择”按钮，在弹出的选择工程性质对话框中选择工程项目的工程性质。根据概算文件中的工程性质，选择“办财务函〔2019〕448 号”中的“枢纽工程－2014 编规-增值税 9%”（图 1.4）。

(5) 选择编制阶段：选择“概算、估算、业主预算”。

编制模式说明是对所选编制模式的具体说明，便于用户了解所选择的编制模式。

（6）“保存路径”栏显示所做工程的储存位置，系统默认新建的工程文件保存在软件安装根目录下的“工程文件”文件夹中，如果想保存到其他路径，可点击“保存路径”按钮，自行选择要保存的位置。

（7）点击“确定”按钮，即完成工程文件的新建（图1.5）。

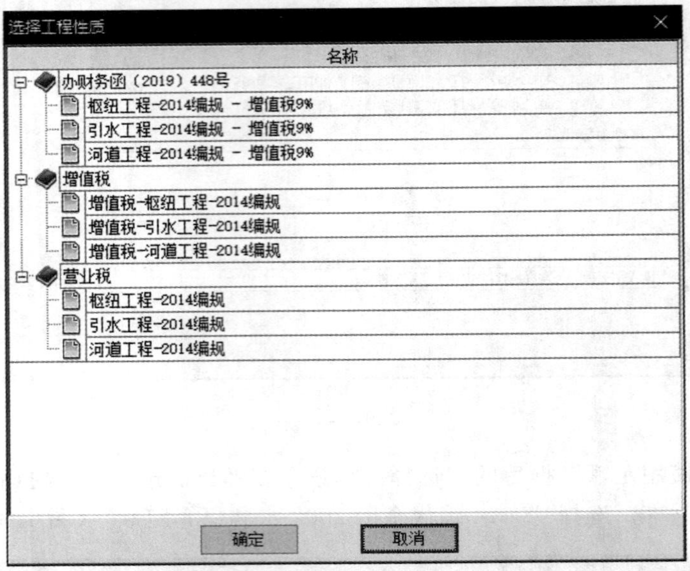

图 1.4

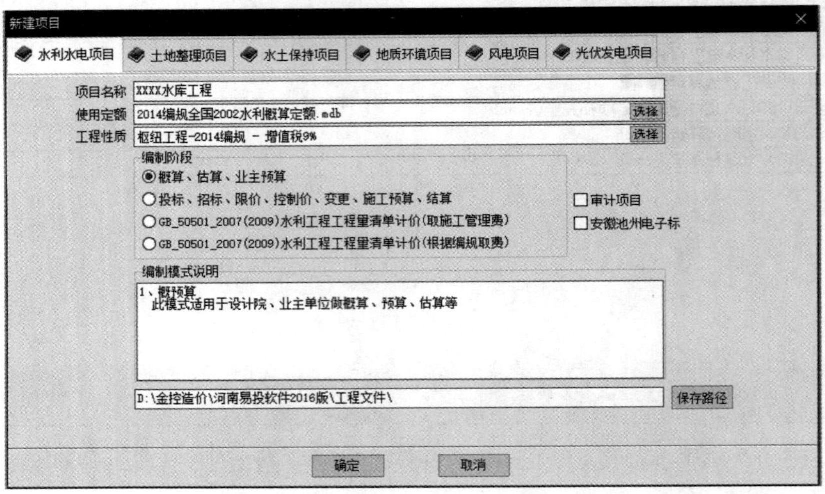

图 1.5

【步骤2】 基本参数设置。

［**步骤2.1**］工程相关基本信息的录入。

在基本信息界面中对工程项目的相关信息进行设定，如工程项目名称、合同编号、标段名称、建设单位、概预算类别、编制日期等。设置工程相关的基本信息，是为了工程概预算文件报表能自动调取信息数据，使报表数据智能自动生成。

概预算类别选择“概算”（图 1.6）。概预算类别中有 5 个选项：概算、估算、预算、结算、决算。设置类别后，可直接关联整个报表组的表头名称，分别是概算表、预算表或者估算表等。

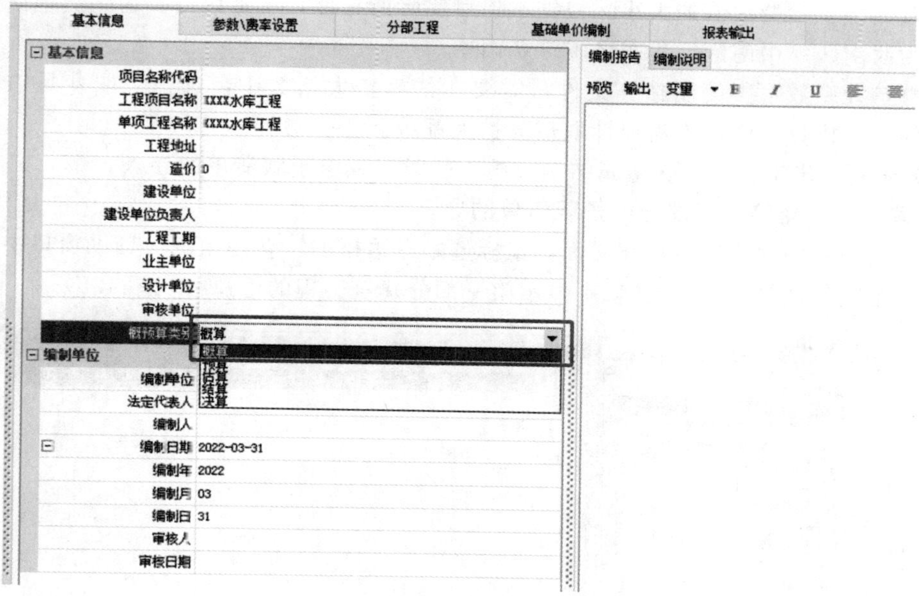

图 1.6

［**步骤 2.2**］费率设置及取费计算公式的编辑调整。

点击软件“参数/费率设置”界面（图 1.7），参数/费率设置界面中的各项取费，根

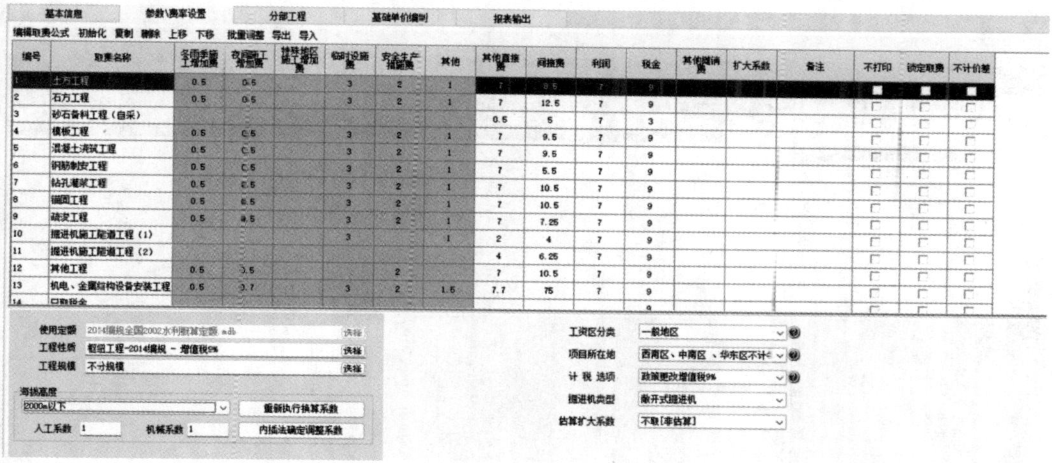

图 1.7

据编制规定中对工程各项取费的要求，已经设定好，一般情况下不需要进行任何的修改。若当前造价文件需要进行相关修改，可以在参数/费率设置窗口中进行编辑、修改。修改完成后，软件自动关联建安单价的计算。

工资区分类根据项目所在地选择一般地区还是其他地区，项目所在地选择西南区、中南区、华南区不计冬雨季或其他地区。工资区分类及项目所在地的不同，会影响本工程人工单价及其他直接费数值的大小。根据本项目实际所在地，工资区分类为一类地区，项目所在地为西南区、中南区、华东区不计冬雨季。

估算扩大系数：若编制估算文件，需要在估算扩大系数中，选择“取［是估算］”。本工程为设计概算文件，不需要计取估算扩大系数。

【步骤3】 建筑、机电、金属结构、施工临时工程电子版清单的导入。

［**步骤3.1**］建筑工程部分电子版清单的导入。

（1）点击软件“分部工程”界面，鼠标选中左边框的“费用组成”辅助窗口中的“第一部分　建筑工程”，右边主窗口中显示第一部分建筑工程的汇总行（图1.8）。

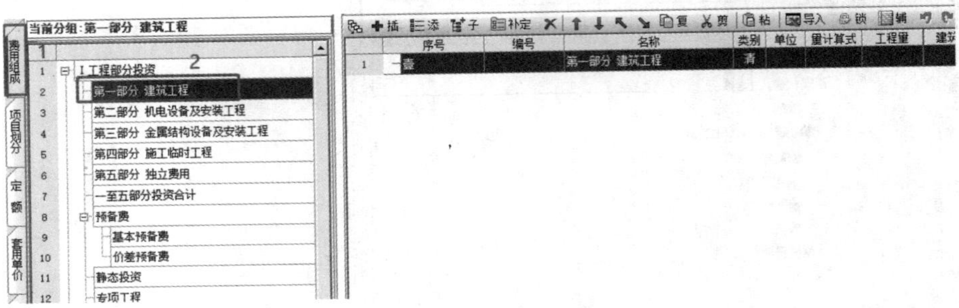

图1.8

（2）打开需要导入的Word文件，框选需要导入的第一部分建筑工程部分，在鼠标右键菜单中选“复制”选项。打开软件，在分部工程主窗口快捷工具栏点“导入”按钮（图1.9）。

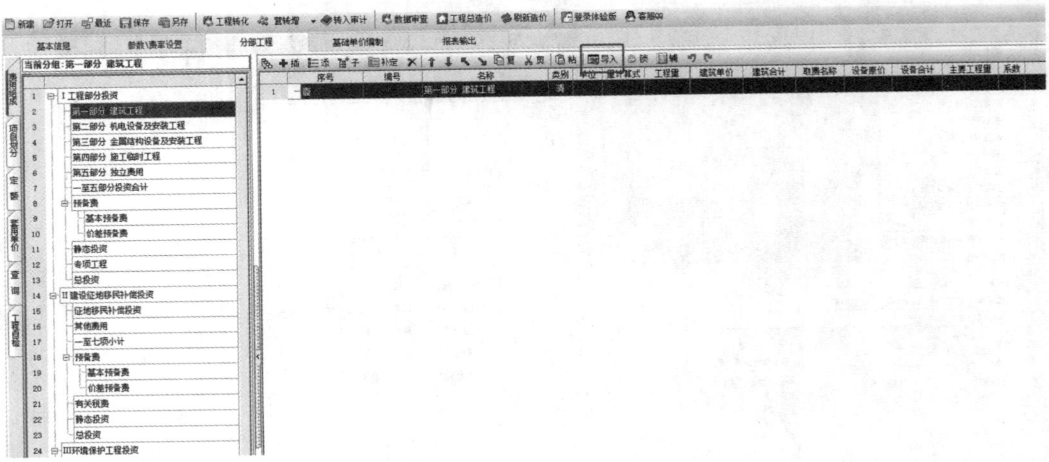

图1.9

（3）进入“从 Excel 导入”界面，在空白处任意位置点击鼠标右键，选择“粘贴”，就可以把复制的数据粘贴进来。粘贴后，核对系统默认的字段列名称与粘贴的数据字段列名称是否对应一致，如果对应关系不对，可以选择系统字段列名称，点击鼠标左键，选择对应的列关系，修改系统字段列名称与粘贴的数据一致（图 1.10）。

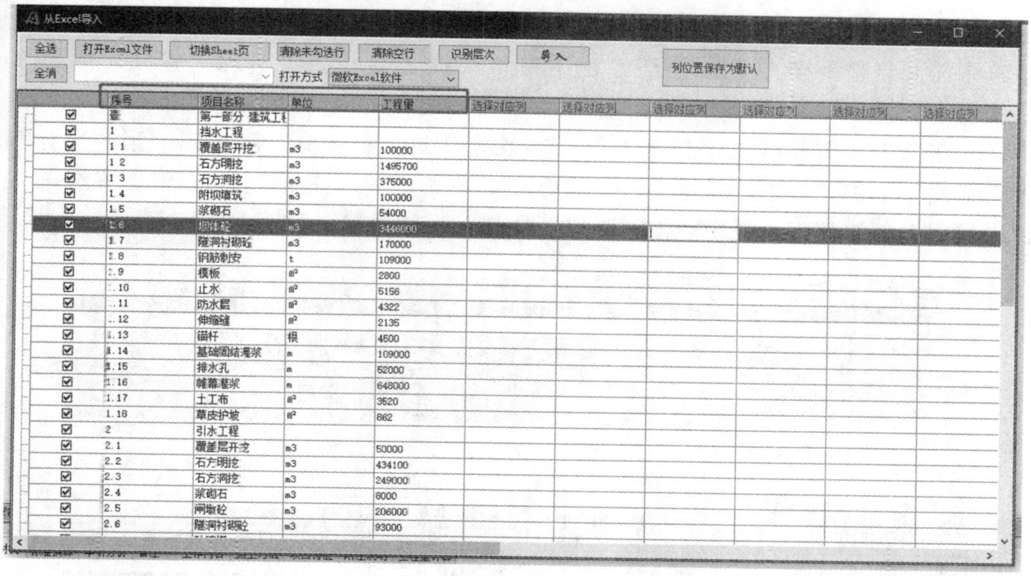

图 1.10

（4）清除未勾选行。将不需要的多余行的勾选项去掉，然后点击“清除未勾选行”，去掉多余清单（图 1.11）。

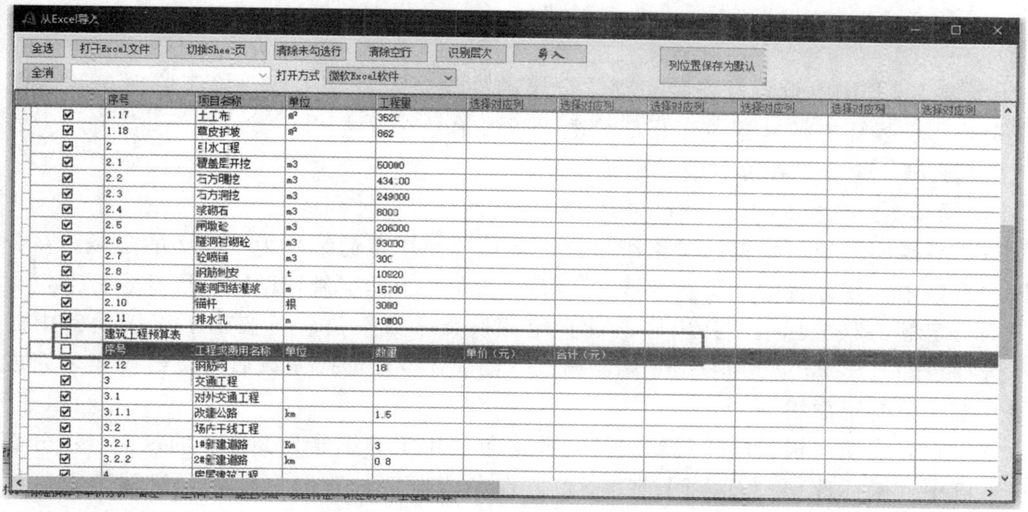

图 1.11

（5）识别层次。清单中一般都会提供序号类型，软件可以根据序号类型，自动设置清单的级别关系，以实现费用的逐级汇总。点击“识别层次”，软件自动识别层次关系。

需要注意的是，若有些电子文档提供的项目清单，序号类型不全或者不规则，不能直接点击“识别层次”，会使项目顺序或层次级别错乱。遇到这种情况，需要先将数据导入分部工程主窗口中，通过升级、降级来实现层次的划分后，再实现层次识别功能。

(6) 识别层次后，点击“导入”按钮，主窗口中已经显示导入的建筑工程部分电子版清单。接下来需要对已经导入的数据进行微调。例如删除多余的“第一部分建筑工程”清单，选中需要删除的清单，在分部工程主窗口快捷工具栏点“删除”按钮，删掉多余行（图 1.12）。

(7) 删除后，需要将“1. 挡水工程～5. 其他建筑工程部分”降级到“第一部分建筑工程”下面。选中“1. 挡水工程”，按 shift 键，再选中“5. 其他建筑工程”，在分部工程主窗口窗眉上的快捷工具栏中点击“降级”按钮，一键分层，如图 1.13 所示。

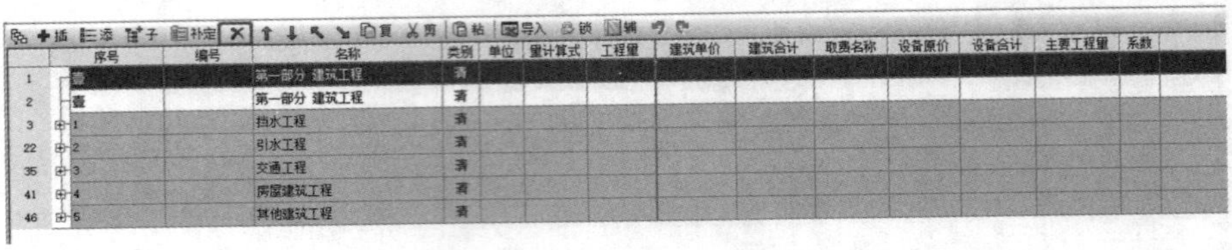

图 1.12

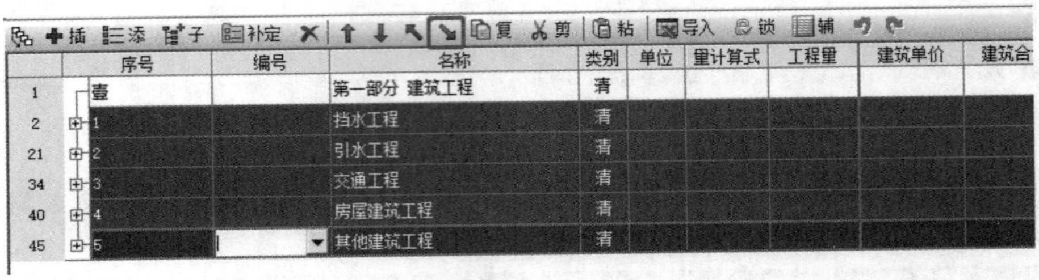

图 1.13

[**步骤 3.2**] 机电设备及安装工程、金属结构设备及安装工程、施工临时工程的电子版清单导入。操作方法同建筑工程部分电子版清单导入方法。

【步骤 4】 建筑工程部分清单单价编制。

[**步骤 4.1**] 挡水工程部分清单单价编制。

(1) 覆盖层开挖。根据施工组织设计，此清单使用定额编号为 10647 的定额。在分部工程主窗口中，鼠标选中“覆盖层开挖”清单，在左边框定额辅助窗口展开定额节点，找到 10647 定额，双击套用。弹出“请设置定额换算参数”窗口，按施工组织设计中的要求，选择自卸汽车 20t，运距 2km 无需修改（图 1.14）。选择完成后，点击确定，完成覆盖层开挖清单的定额组价。

(2) 石方明挖。根据施工组织设计，此清单使用定额编号为 20039 的定额。在分部工程主窗口中，鼠标选中“石方明挖”清单，在左边框定额辅助窗口展开定额节点，找到 20039 定额，双击套用。弹出“定额中间单价或定额选择”窗口，选择石渣运输的中间单价，在“拌制运输定额”中找到“20492 - 4m^3 挖掘机装石渣汽车运输（露天）运距 3km”，双击套用，点击确定（图 1.15）。弹出“请设置定额换算参数”窗口，选择自卸汽车 32t，运距为 3km，点击确定。

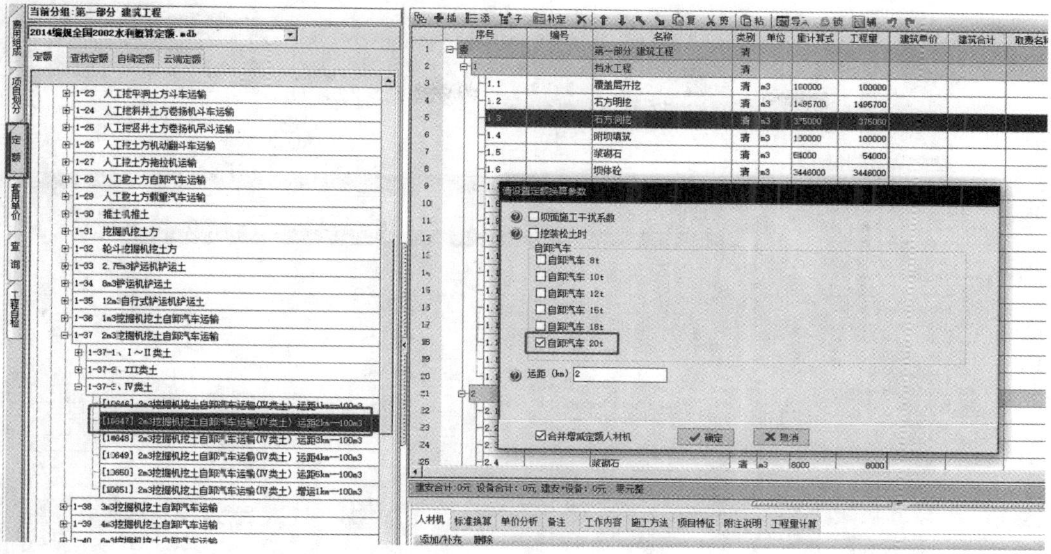

图 1.14

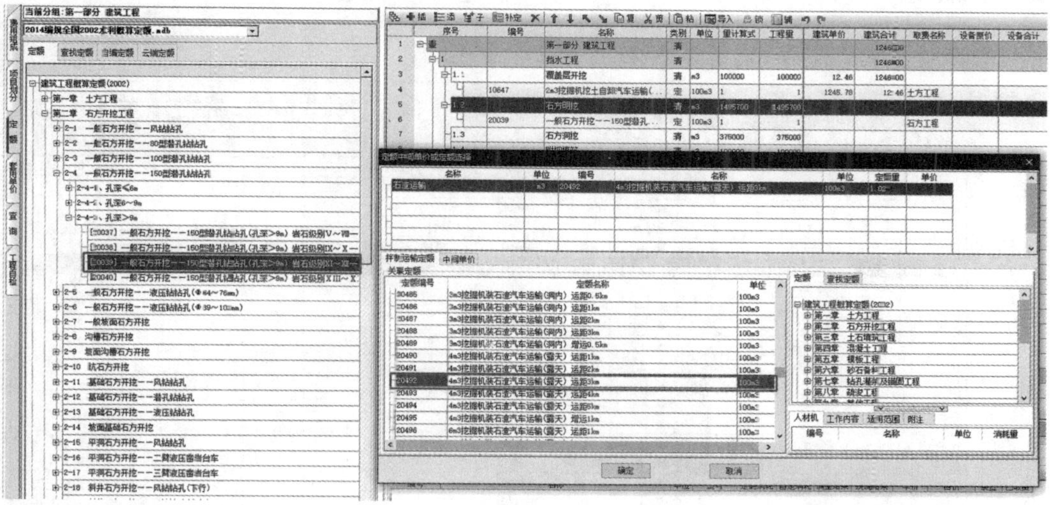

图 1.15

（3）石方洞挖。根据施工组织设计，此清单使用定额编号为 20251 的定额。在分部工程主窗口中，鼠标选中“石方洞挖”清单，在左边框定额辅助窗口展开定额节点，找到 20251 定额，双击套用，在弹出“请设置定额换算参数”窗口中轴流通风机工作面长度选择 1000m，开挖断面 120m^2，点击确定。弹出“定额中间单价或定额选择”窗口，石渣运输中间单价，双击选择“20541 - 3m^3 装载机装石渣汽车运输（洞内）0.5km”，点击确定。弹出“请设置定额换算参数”窗口，选择自卸汽车 20t，运距为 0.5km，点击确定，如图 1.16 所示。

在分部工程主窗口的下放人材机窗口，点击“添加/补充”，选择添加拌制运输/中间单价图（1.17）。在定额库中，找到“20540 - 3m^3 装载机装石渣汽车运输（露天）增运 1km”

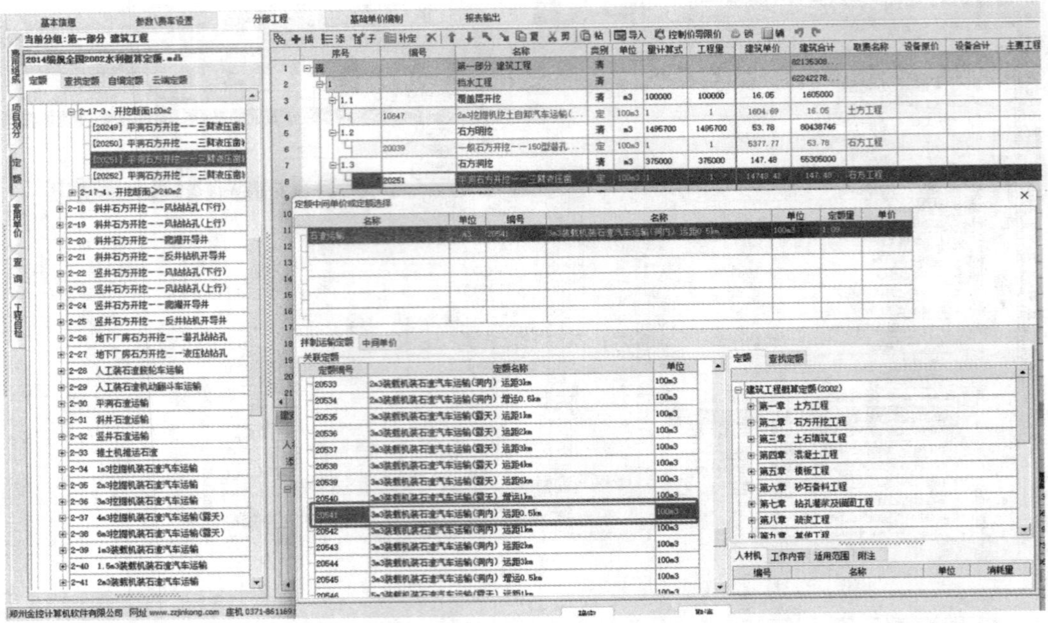
基本信息
参数\费率设置
分部工程
基础单价编制
报表输出
当前分组：第一部分 建筑工程
定额中间单价或定额选择
拌制运输定额
中间单价
关联定额
建筑工程概算定额(2002)
第一章 土方工程
第二章 石方开挖工程
第三章 土石填筑工程
第四章 混凝土工程
第五章 模板工程
第六章 砂石备料工程
第七章 钻孔灌浆及锚固工程
第八章 疏浚工程

图 1.16

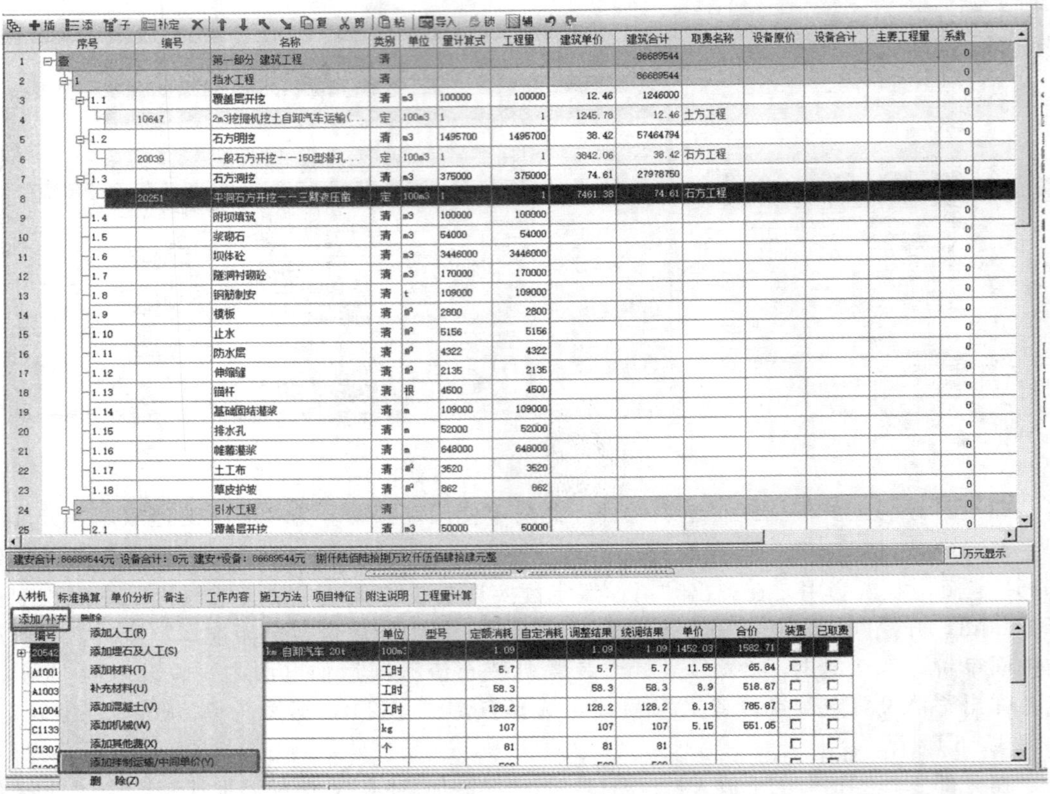
人材机
标准换算
单价分析
备注
工作内容
施工方法
项目特征
附注说明
工程量计算
添加/补充
添加人工(R)
添加埋石及人工(S)
添加材料(T)
补充材料(U)
添加混凝土(V)
添加机械(W)
添加其他费(X)
添加拌制运输/中间单价(Y)
删　除(Z)
万元显示

图 1.17

定额，选中后点击确定。在“请设置定额换算参数”中，选择自卸汽车 20t，点击确定。然后在人材机窗口中，将名称为“$3m^3$ 装载机装石渣汽车运输（露天）增运 1km，自卸汽车 20t”的中间单价自定消耗中输入 1.09×3，软件自动计算结果，如图 1.18 所示。

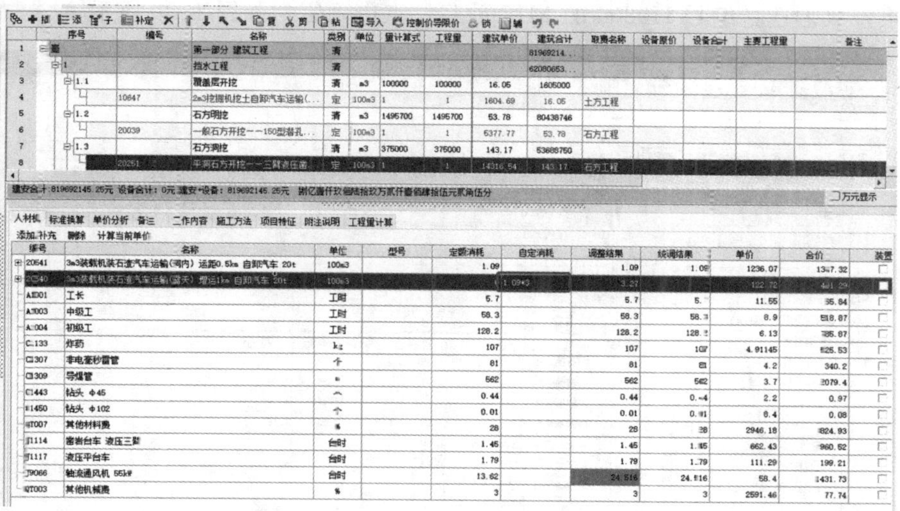

图 1.18

（4）附坝填筑。根据施工组织设计，此项清单使用 10521、30078 两项定额。在分部工程主窗口中，鼠标选中“附坝填筑”清单，在左边框定额辅助窗口展开定额节点，找到 10521 定额，双击套用。弹出“请设置定额换算参数”窗口，土壤类别选择Ⅰ～Ⅱ类土，推运距离（m）改为 30，点击确定。在 10521 这项定额行的量计算式中，将工程量 1 改为 0.1。继续找到 30078 定额，双击套用，选择“8～12t 羊脚碾，74kW 拖拉机 履带式”，点击确定，弹出“定额中间单价或定额选择”窗口，双击选择“10626 - $1m^3$ 挖掘机挖土自卸汽车运输（Ⅲ类土），运距 5km”，点击确定（图 1.19）。弹出“请设置定额换算参数”，自卸汽车选择 10t，增运 km 从 5 改为 6，点击确定。

图 1.19

(5) 浆砌石。根据施工组织设计，此项清单使用30029定额。在分部工程主窗口中，鼠标选中“浆砌石”清单，在左边框定额辅助窗口展开定额节点，找到30029定额，双击套用。弹出“选择混凝土及砂浆”窗口，在定额混凝土子目，找到7、水泥砂浆中的（1）砌筑砂浆，双击选择编号H0804的M15砂浆，点击确定，如图1.20所示。

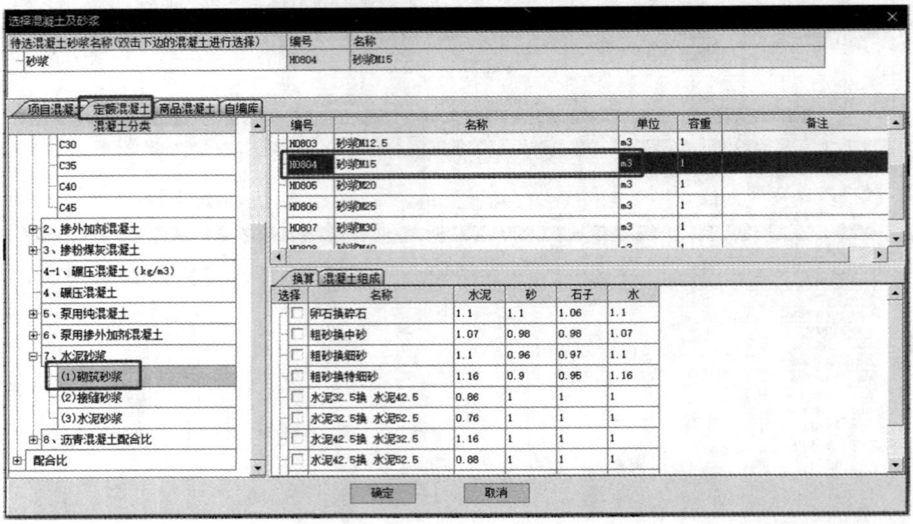

图1.20

(6) 坝体混凝土。根据施工组织设计，此项清单使用40004定额。在分部工程主窗口中，鼠标选中“坝体混凝土”清单，在左边框定额辅助窗口展开定额节点，找到40004定额，双击套用。弹出“选择混凝土及砂浆”窗口，点击混凝体，在定额混凝土窗口中，选择1、纯混凝土中的C20，中间窗口中双击选择编号H0414名称为C20　水泥强度42.5　3级配　水灰比0.60，在下方窗口中，勾选卵石换碎石、粗砂换中砂（图1.21）。点击砂浆，在定额混凝土窗口中，选择7、水泥砂浆中的（2）接缝砂浆，中间窗口中双击选择编号H0813名称为砂浆M30，下方窗口中，去掉勾选卵石换碎石、粗砂换中砂。选择完成后，点击确定。

弹出“定额中间单价或定额选择”窗口，点击混凝土拌制，在拌制运输定额中，双击选择定额编号为40174、定额名称为搅拌楼拌制混凝土，搅拌楼容量为$2\times1.5m^3$，点击混凝土水平运输，在拌制运输定额中，双击选择定额编号为40204、定额名称为自卸汽车运混凝土，运距1km。无垂直运输，无需选择。拌制和水平运输选择完成后，点击确定。弹出“请设置定额换算参数”，无需勾选碾压混凝土，直接点确定。弹出“请设置定额换算参数”，自卸汽车选择8t，运距1km无需修改，点击确定。

(7) 隧洞衬砌混凝土。根据施工组织设计，此项清单使用40044定额。在分部工程主窗口中，鼠标选中“坝体混凝土”清单，在左边框定额辅助窗口展开定额节点，找到40044定额，双击套用。弹出“选择混凝土及砂浆”窗口，点击混凝体，在定额混凝土窗口中，选择1、纯混凝土中的C25，中间窗口中双击选择编号H0422名称为C25　水泥强度42.5　3级配　水灰比0.55，在下方窗口中，勾选卵石换碎石、粗砂换中砂（图

1.22)，点击确定。

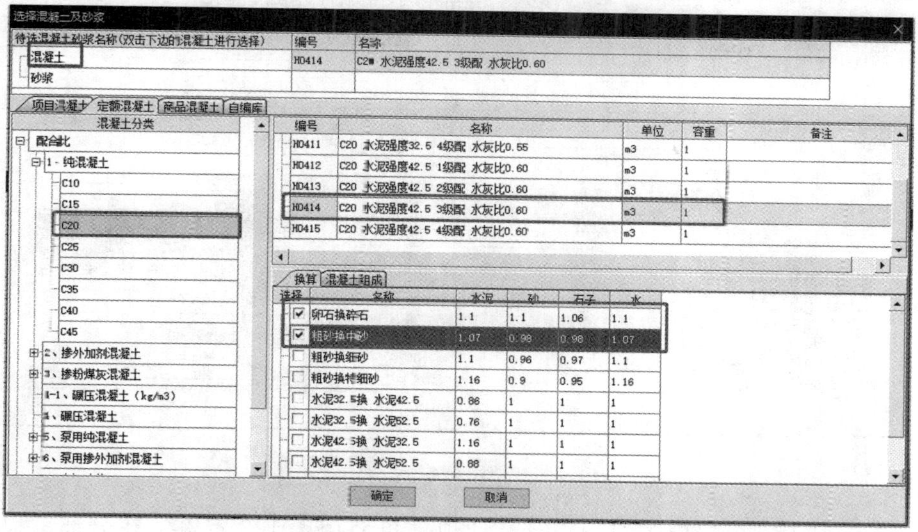

图 1.21

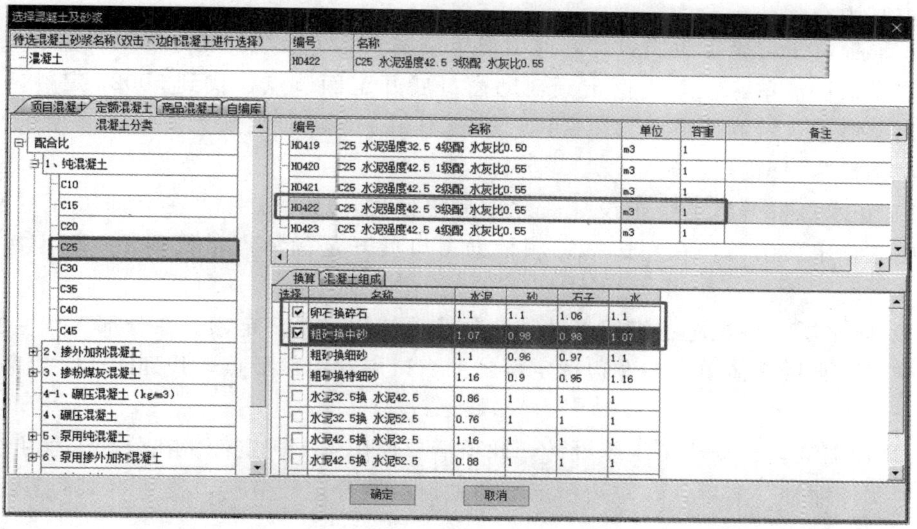

图 1.22

弹出“定额中间单价或定额选择”窗口，点击混凝土水平运输，在右面窗口“定额”中，双击选择定额编号为 40254、定额名称为平洞衬砌混凝土运输　平洞段运距 200m，如图 1.23 所示。

点击混凝土拌制，在拌制运输定额中，双击选择定额编号为 40174、定额名称为搅拌楼拌制混凝土　搅拌楼容量为 $2\times1.5m^3$，无垂直运输，无需选择。拌制和水平运输选择完成后，点击确定。弹出“请设置定额换算参数”窗口，增运距离从 200m 改为 1000m，点击确定。弹出“请设置定额换算参数”，无需勾选碾压混凝土，直接点确定。

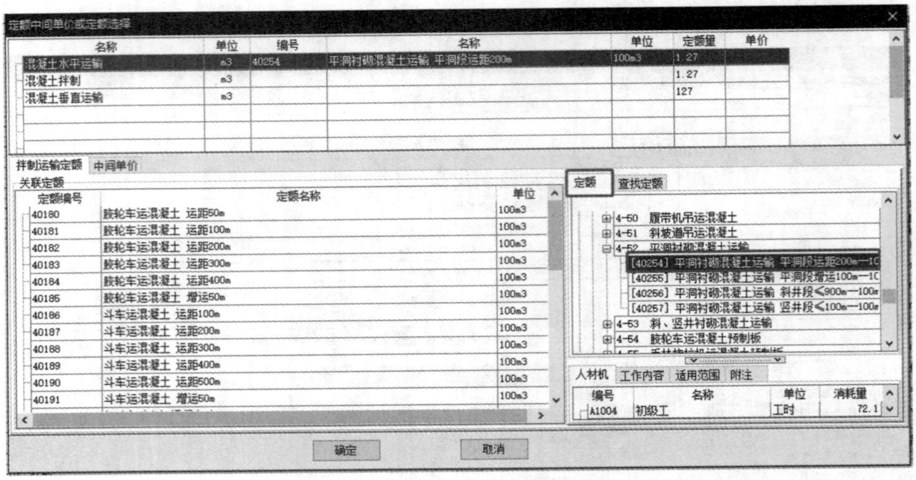

图 1.23

(8) 钢筋制安。根据施工组织设计，此项清单使用 40123 定额。在分部工程主窗口中，鼠标选中“钢筋制安”清单，在左边框定额辅助窗口展开定额节点，找到 40123 定额，双击套用。

(9) 模板。根据施工组织设计，此项清单使用 50027 定额。在分部工程主窗口中，鼠标选中“模板”清单，在左边框定额辅助窗口展开定额节点，找到 50027 定额，双击套用。弹出“请设置定额换算参数”窗口，模板不用于弯段，因此无需勾选“用于弯段时，人工定额调整”，直接点击确定。

(10) 止水。根据施工组织设计，此项清单使用 40127 定额。在分部工程主窗口中，鼠标选中“止水”清单，在左边框定额辅助窗口展开定额节点，找到 40127 定额，双击套用。

(11) 防水层。根据施工组织设计，此项清单使用 40147 定额。在分部工程主窗口中，鼠标选中“防水层”清单，在左边框定额辅助窗口展开定额节点，找到 40147 定额，双击套用。

(12) 伸缩缝。根据施工组织设计，此项清单使用 40151 定额。在分部工程主窗口中，鼠标选中“伸缩缝”清单，在左边框定额辅助窗口展开定额节点，找到 40151 定额，双击套用。

(13) 锚杆。根据施工组织设计，此项清单使用 70324 定额。在分部工程主窗口中，鼠标选中“锚杆”清单，在左边框定额辅助窗口展开定额节点，找到 70324 定额，双击套用。弹出“请设置定额换算参数”窗口，选择Φ 25 钢筋，点击确定。弹出“选择混凝土及砂浆”窗口，在定额混凝土窗口中，选择 7、水泥砂浆中的（2）接缝砂浆，在中间窗口双击选择编号 H0810 的砂浆 M15，点击确定，如图 1.24 所示。

(14) 基础固结灌浆。根据施工组织设计，此项清单使用 70047 定额。在分部工程主窗口中，鼠标选中“基础固结灌浆”清单，在左边框定额辅助窗口展开定额节点，找到 70047 定额，双击套用。

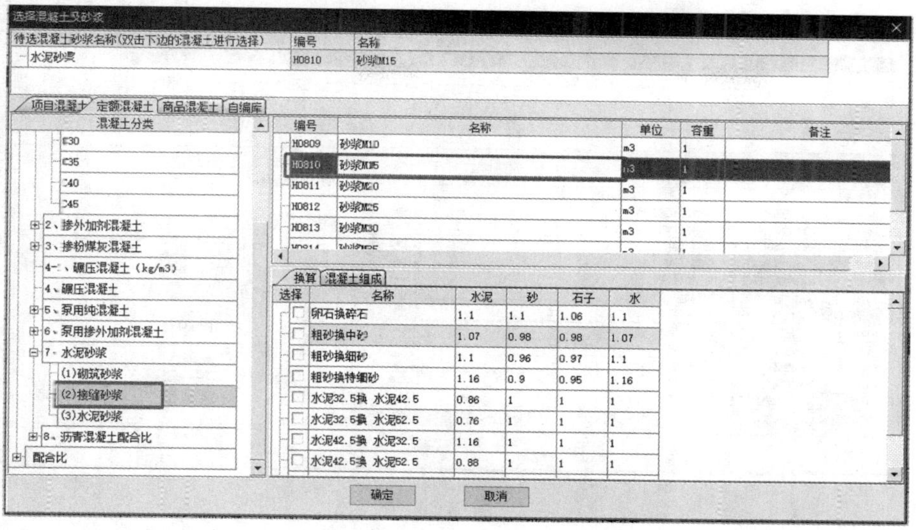

图 1.24

(15) 排水孔。根据施工组织设计，此项清单使用 70027 定额。在分部工程主窗口中，鼠标选中“排水孔”清单，在左边框定额辅助窗口展开定额节点，找到 70027 定额，双击套用。弹出“请设置定额换算参数”窗口，选择“钻孔与水平夹角 85～90 度，廊道或隧道高度 2.0～3.5m”，“孔深大于 90mm”不勾选，点击确定。

(16) 帷幕灌浆。根据施工组织设计，此项清单使用 70031 定额。在分部工程主窗口中，鼠标选中“帷幕灌浆”清单，在左边框定额辅助窗口展开定额节点，找到 70031 定额，双击套用。弹出“请设置定额换算参数”窗口，选择“钻孔与水平夹角 85～90 度，帷幕灌浆排数 3 排数，廊道或隧道高度 2.0～3.5m”，“终孔孔径大于 90mm”不勾选，点击确定。

(17) 土工布。根据施工组织设计，此项清单使用 90071 定额。在分部工程主窗口中，鼠标选中“土工布”清单，在左边框定额辅助窗口展开定额节点，找到 90071 定额，双击套用。

(18) 草皮护坡。根据施工组织设计，此项清单使用 90072 定额。在分部工程主窗口中，鼠标选中“草皮护坡”清单，在左边框定额辅助窗口展开定额节点，找到 90072 定额，双击套用。

[步骤 4.2] 引水工程清单单价编制。

(1) 覆盖层开挖。同挡水工程中的覆盖层开挖套定额组价方法。

(2) 石方明挖。根据施工组织设计，此项清单使用 20039、20003 两项定额。

在分部工程主窗口中，鼠标选中“石方明挖”清单，在左边框定额辅助窗口展开定额节点，找到 20039 定额，双击套用。弹出“定额中间单价或定额选择”，选择石渣运输中间单价，在下方窗口中，双击选择定额编号为 20492 的 $4m^3$ 挖掘机装石渣汽车运输（露天） 运距 3km，点击确定，如图 1.25 所示。弹出“请设置定额换算参数”窗口，自卸汽车选择 32t，运距 3km 无需修改，点击确定。

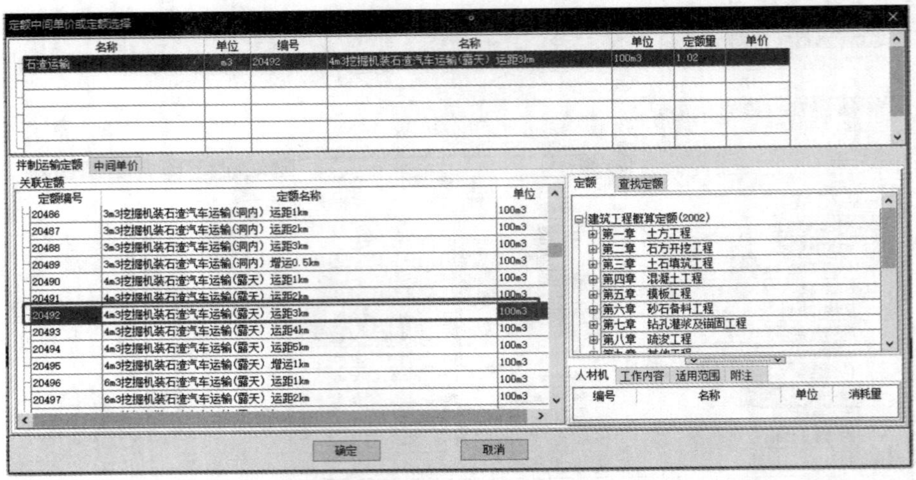

图 1.25

在左边框定额辅助窗口，展开定额节点，找到 20003 定额，双击套用。弹出“请设置定额换算参数”窗口，选择导电线、电雷管，点击确定。弹出“定额中间单价或定额选择”，选择石渣运输中间单价，在下方窗口中，双击选择定额编号为 20492 的 $4m^3$ 挖掘机装石渣汽车运输（露天）　运距 3km，点击确定。弹出“请设置定额换算参数”窗口，自卸汽车选择 32t，运距 3km 无需修改，点击确定。

在 20039 -—一般石方开挖　150 型潜孔钻钻孔这项定额的工程量中输入 0.5，在 20003 -—一般石方开挖　风钻钻孔这项定额的工程量中输入 0.5，完成石方明挖套定额组价，如 1.26 所示。

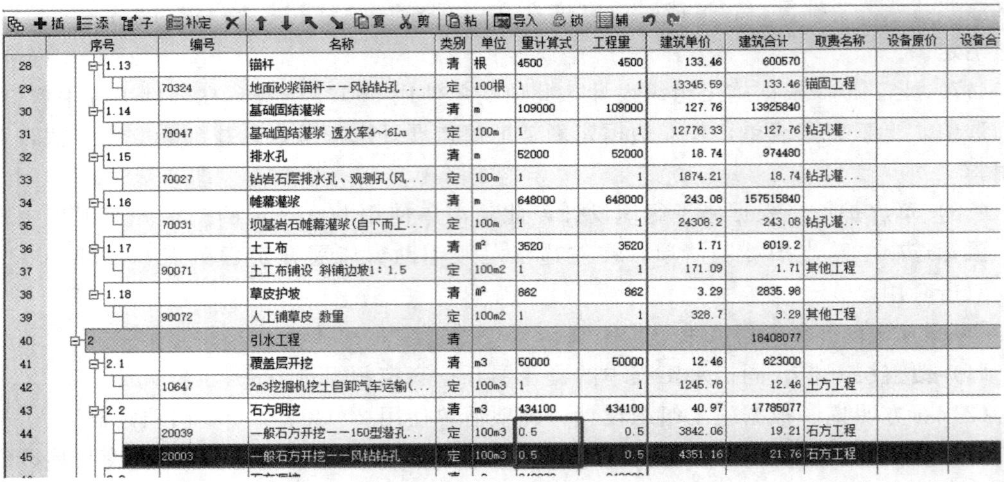

图 1.26

（3）石方洞挖。套定额组价方法同上。

（4）浆砌石、闸墩混凝土、钢筋制安、锚杆、排水孔。同挡水工程中的清单套定额组价方法。

(5) 喷混凝土。根据施工组织设计，此项清单使用 70563 定额。在分部工程主窗口中，鼠标选中“喷混凝土”清单，在左边框定额辅助窗口展开定额节点，找到 70563 定额，双击套用。

(6) 隧洞固结灌浆。根据施工组织设计，此项清单使用 70054 定额。在分部工程主窗口中，鼠标选中“隧洞固结灌浆”清单，在左边框定额辅助窗口展开定额节点，找到 70054 定额，双击套用。

(7) 钢筋网。根据施工组织设计，此项清单使用 70585 定额。在分部工程主窗口中，鼠标选中“钢筋网”清单，在左边框定额辅助窗口展开定额节点，找到 70585 定额，双击套用。

[步骤 4.3] 交通工程部分清单单价编制。

根据造价指标，在改建公路、1 号新建道路、2 号新建道路的建筑单价中分别填入 240000、550000、1010000，如图 1.27 所示。

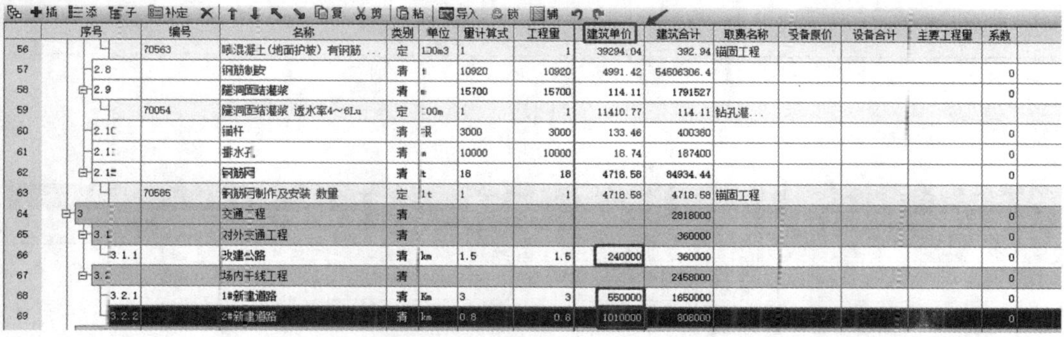

	序号	编号	名称	类别	单位	量计算式	工程量	建筑单价	建筑合计	取费名称	设备原价	设备合计	主要工程量	系数
56		70563	喷混凝土(地面护坡) 有钢筋 ...	定	100m3	1	1	39294.04	392.94	锚固工程				
57	2.8		钢筋制安	清	t	10920	10920	4991.42	54506306.4					0
58	2.9		隧洞固结灌浆	清	m	15700	15700	114.11	1791527					0
59		70054	隧洞固结灌浆 透水率4～6Lu	定	100m	1	1	11410.77	114.11	钻孔灌...				
60	2.10		锚杆	清	根	3000	3000	133.46	400380					0
61	2.11		排水孔	清	m	10000	10000	18.74	187400					0
62	2.12		钢筋网	清	t	18	18	4718.58	84934.44					0
63		70585	钢筋网制作及安装 数量	定	1t	1	1	4718.58	4718.58	锚固工程				
64	3		交通工程	清					2818000					0
65	3.1		对外交通工程	清					360000					0
66	3.1.1		改建公路	清	km	1.5	1.5	240000	360000					0
67	3.2		场内干线工程	清					2458000					0
68	3.2.1		1#新建道路	清	Km	3	3	550000	1650000					0
69	3.2.2		2#新建道路	清	km	0.8	0.8	1010000	808000					0

图 1.27

[步骤 4.4] 房屋建筑工程清单单价编辑。

(1) 办公室、辅助生产用房。根据造价指标，在办公室、辅助生产用房的建筑单价中分别填入 1500、1000。

(2) 生活及文化福利建筑。选中“生活及文化福利建筑”清单，在右边框常用功能中，点击“按%计算”。弹出“选择计算基数”窗口，勾选 1 挡水工程及 2 引水工程，费率输入 1.1，点击确定，如图 1.28 所示。

(3) 室外工程。选中“室外工程”清单，在右边框常用功能中，点击“按%计算”。弹出“选择计算基数”窗口，勾选 4 房屋建筑工程中的 4.1 办公室、4.2 辅助生产用房、4.3 生活及文化福利建筑，费率输入 15，点击确定，如图 1.29 所示。

[步骤 4.5] 其他建筑工程清单单价编制。

(1) 外部观测设施及内部监测设施。根据造价指标，在各项清单中的建筑单价中分别填入相对应的单价。

(2) 其他。选中其他这项清单，在右边框常用功能中，点击“按%计算”。弹出“选择计算基数”窗口，勾选 1 挡水工程及 2 引水工程，费率输入 1.5，点击确定。

图1.28

图1.29

【步骤5】 设备及安装工程部分清单单价。

[步骤5.1] 设备单价。

根据设计概算提供的设备单价参考价，在设备单价列中，分别输入对应的设备单价（图1.30）。

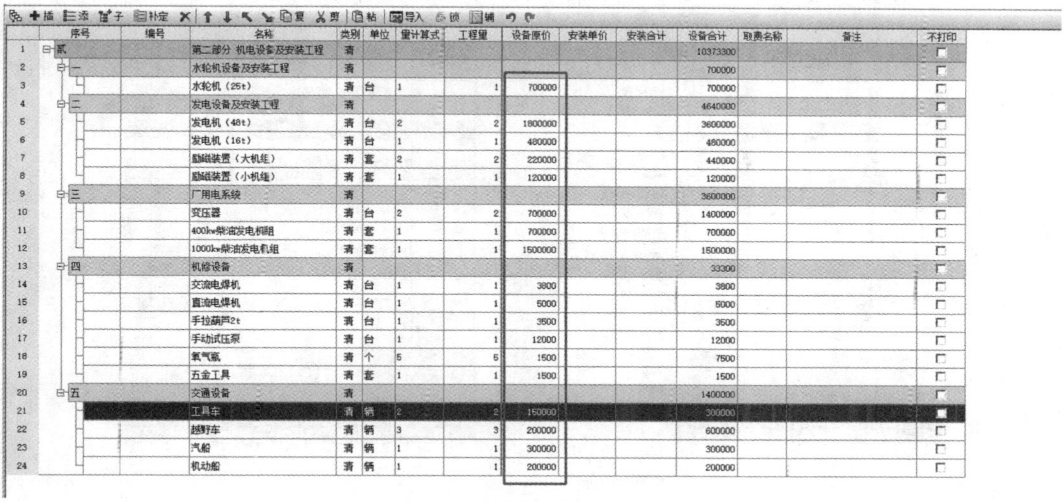

	序号	编号	名称	类别	单位	量计算式	工程量	设备原价	安装单价	安装合计	设备合计	取费名称	备注	不打印
1	贰		第二部分 机电设备及安装工程	清							10373300			
2	一		水轮机设备及安装工程	清							700000			
3			水轮机（25t）	清	台	1	1	700000			700000			
4	二		发电设备及安装工程	清							4640000			
5			发电机（48t）	清	台	2	2	1800000			3600000			
6			发电机（16t）	清	台	1	1	480000			480000			
7			励磁装置（大机组）	清	套	2	2	220000			440000			
8			励磁装置（小机组）	清	套	1	1	120000			120000			
9	三		厂用电系统	清							3600000			
10			变压器	清	台	2	2	700000			1400000			
11			400kw柴油发电机组	清	套	1	1	700000			700000			
12			1000kw柴油发电机组	清	套	1	1	1500000			1500000			
13	四		机修设备	清							33300			
14			交流电焊机	清	台	1	1	3800			3800			
15			直流电焊机	清	台	1	1	5000			5000			
16			手拉葫芦2t	清	台	1	1	3500			3500			
17			手动试压泵	清	台	1	1	12000			12000			
18			氧气瓶	清	个	5	5	1500			7500			
19			五金工具	清	套	1	1	1500			1500			
20	五		交通设备	清							1400000			
21			工具车	清	辆	2	2	150000			300000			
22			越野车	清	辆	3	3	200000			600000			
23			汽船	清	辆	1	1	300000			300000			
24			机动船	清	辆	1	1	200000			200000			

图 1.30

［**步骤 5.2**］安装单价。

（1）套安装定额计取安装费。水轮机、发电机、变压器、闸门、启闭机这类清单都以安装定额计取安装费。以发电机（48t）为例，选中“发电机（48t）”清单，在左边框定额辅助窗口，展开定额节点，找到 A02004 定额，双击套用。弹出“请设置定额换算参数”窗口，将设备自重（t）改为 48，点击确定，如图 1.31 所示。

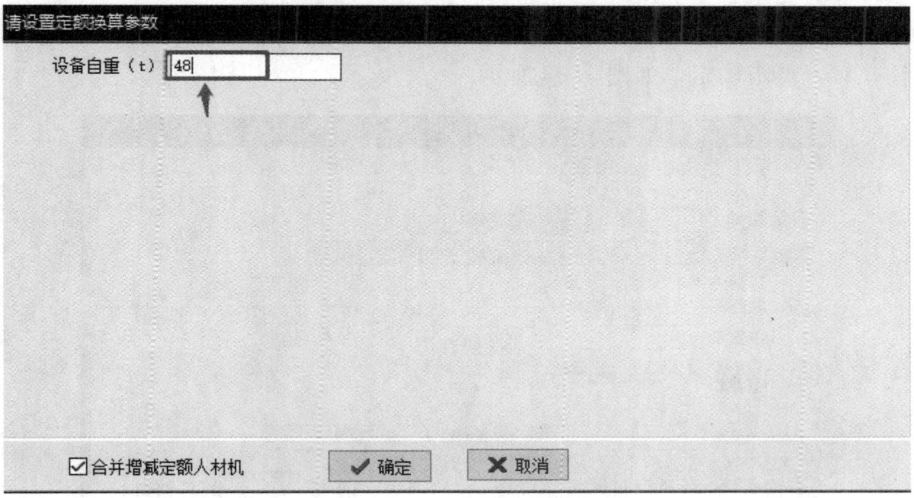

图 1.31

（2）以设备原价为基数，按百分比计算安装费。400kW 柴油发电机组、1000kW 柴油发电机组两项清单以设备原价的 5%计取安装费。

选中“400kW 柴油发电机组”清单，点击鼠标右键选择设备运杂安装费-以设备原价计算安装费，输入安装费率为5，点击确定，如图1.32所示。

图1.32

（3）无安装费。类似于励磁装置、机修设备以及交通设备这些清单，只计设备费，不计安装费。

[步骤5.3] 运杂三项费用。

选中“水轮机（25t）”清单，在右边框常用功能中点击设备运杂，勾选手填，填写综合费率4.31，点击确定，如图1.33所示。

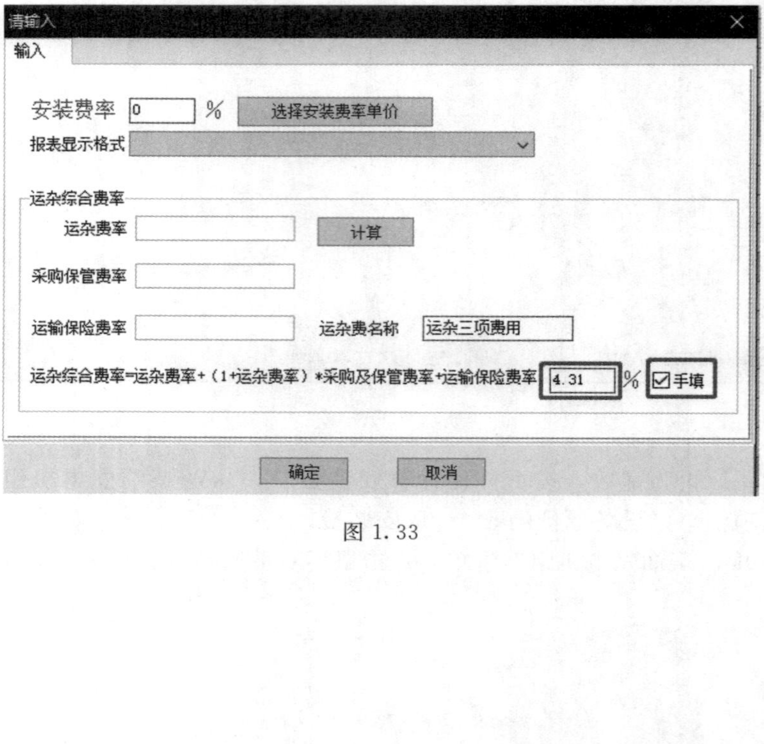

图1.33

机电设备及安装工程、金属结构设备及安装工程清单中各项设备的运杂费计算方法同水轮机（25t）清单计算方法。需要注意的是，交通设备中的清单无需计取设备运价费。

【步骤 6】 施工临时工程部分清单单价。

[步骤 6.1] 导流工程清单单价编制。

根据施工组织设计，在左边框定额辅助窗口，找到对应定额，双击套用。

[步骤 6.2] 施工交通工程清单单价编制。

根据造价指标，在建筑单价中手填输入单价。

[步骤 6.3] 施工房屋建筑工程清单单价编制。

（1）施工仓库。根据造价指标，在建筑单价中手填输入单价。

（2）办公生活及文化福利建筑。选中办公生活及文化福利建筑这一行，在右边框特项工程中，点击办公福利，弹出“办公、生活及文化福利建筑”窗口，输入相应数值，点击确定，如图 1.34 所示。

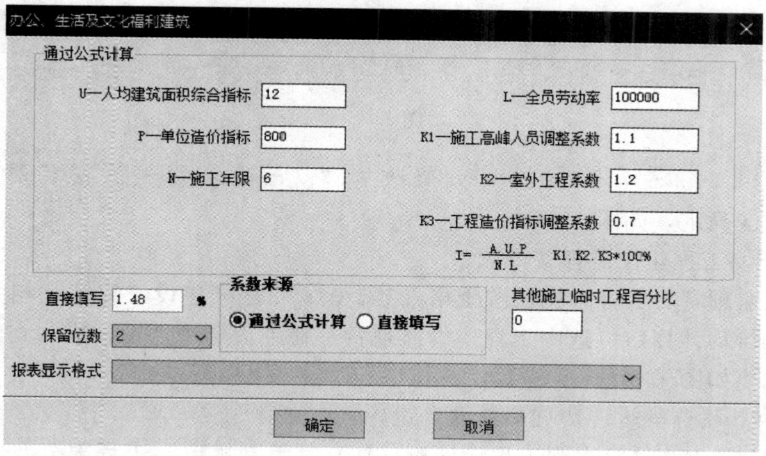

图 1.34

（3）其他施工临时工程。选中其他施工临时工程这一行，在右边框常用功能中，点击“按%计算”。弹出“选择计算基数”窗口，勾选“第一部分 建筑工程、第二部分 机电设备及安装工程、第三部分 金属结构设备及安装工程、导流工程、施工交通工程、施工房屋建筑工程”，同时需要在机电设备及安装工程、金属结构设备及安装工程后面勾选不含设备费，费率输入 4，点击确定，如图 1.35 所示。

【步骤 7】 独立费部分计算。

[步骤 7.1] 独立费用部分清单设置。

独立费用部分的清单无需导入，根据（水总〔2014〕429 号）《水利工程设计概（估）算编制规定 工程部分》提供的独立费用，软件已经设置好模板，只需根据自身情况调整模板即可。

[步骤 7.2] 建设管理费设置。

在建设管理费这一行的计算基数中，点击[...]，弹出“计算基数设置”，将“（∑建筑

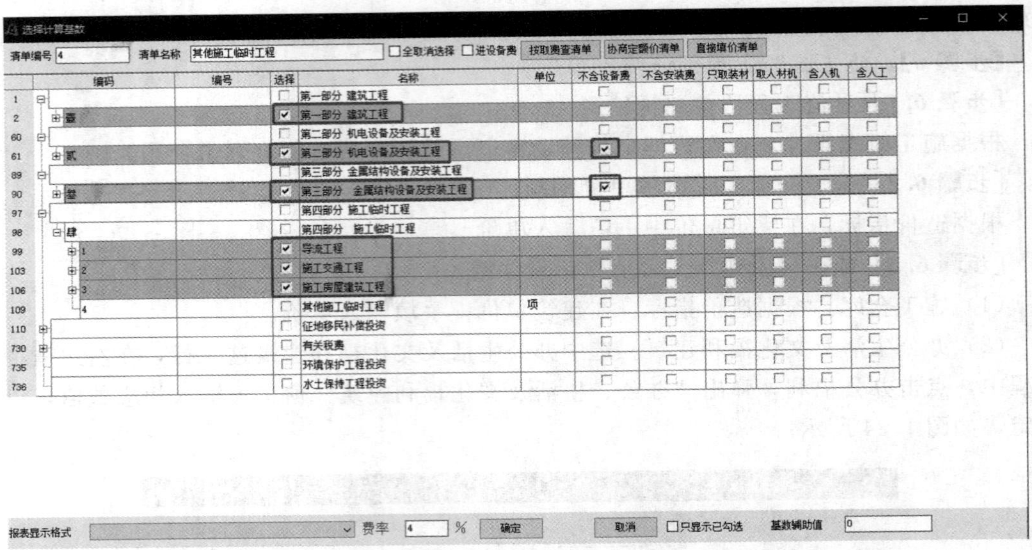

图 1.35

费＋∑安装费）×3.5%＋5000000”，修改为“（∑建筑费＋∑安装费）×1.7%＋4600000”，点击确定，如图 1.36 所示。

［**步骤 7.3**］工程建设监理费设置。

工程建设监理费，软件根据发改价格〔2007〕670 号《建设工程监理相关服务收费管理规定》规定自动计算。可选中工程建设监理费，在下边框中点击构成，查看工程建设监理费取费构成，如图 1.37 所示。

［**步骤 7.4**］联合试运转费（不计取）设置。

水总〔2014〕429 号《水利工程设计概（估）算编制规定　工程部分》中有一项联合试运转费，但是本项目不再计取。

设置不再计取的方法：选中联合试运转费这项清单，在右边框常用功能中，点击不打印。不打印的意思即为：不再计算联合试运转费，同时在报表中也不再显示，也可以理解为已经删除了联合试运转费。

［**步骤 7.5**］生产准备费设置。

因为没有了第三项联合试运转费，所以需要将生产准备费这一行的序号改为“三”。

将生产准备费中的各项费用的费率修改为设计概算中要求的数值：直接在费率这列中输入修改的数值即可，如图 1.38 所示。

［**步骤 7.6**］科研勘测设计费设置。

将科研勘测设计费这一行的序号改为“四”。

（1）工程科学研究试验费。将工程科学研究试验费的费率修改为设计概算中要求的数值：直接在费率这列中输入修改的数值即可。

（2）工程勘测设计费。工程勘测设计费，软件根据计价格〔2002〕10 号《国家计委、建设部关于发布的〈工程勘察设计收费管理规定〉的通知》、发改价格〔2006〕1352 号

图 1.36

《水利、水电、电力建设项目前期工作工程勘察收费暂行规定》及计价格〔1999〕1283 号《关于印发建设项目前期工作咨询费暂行规定的通知》等相关规定自动计算。可选中工程勘测设计费中的各项费用，在下边框中点击构成，查看工程勘测设计费中各项费用的取费构成。

[步骤 7.7] 其他设置。

将其他这一行的序号改为“五”。

(1) 工程保险费。将工程保险费的费率修改为设计概算中要求的数值：直接在费率这列中输入修改的数值即可。

(2) 其他税费。本项目中不再计取其他税费，在右边框常用功能中，点击不打印，不再计算其他税费。

【步骤 8】 预备费、建设征地移民补偿、环境保护工程、建设期融资利息设置。

[步骤 8.1] 预备费设置。

在左边框费用组成中，点击预备费中的基本预备费，将计算基数改为 6（图 1.39)。

[步骤 8.2] 建设征地移民补偿设置。

在左边框费用组成中，点击Ⅱ建设征地移民补偿投资中的征地移民补偿投资，选中全部已有的清单模板，点击快捷工具栏中的“删除”按钮。然后点击快捷工具栏中的“添”，名称中输入：建设征地移民补偿，单位中输入：项，工程量输入：1，建筑单价中输入：5000000(图 1.40)。

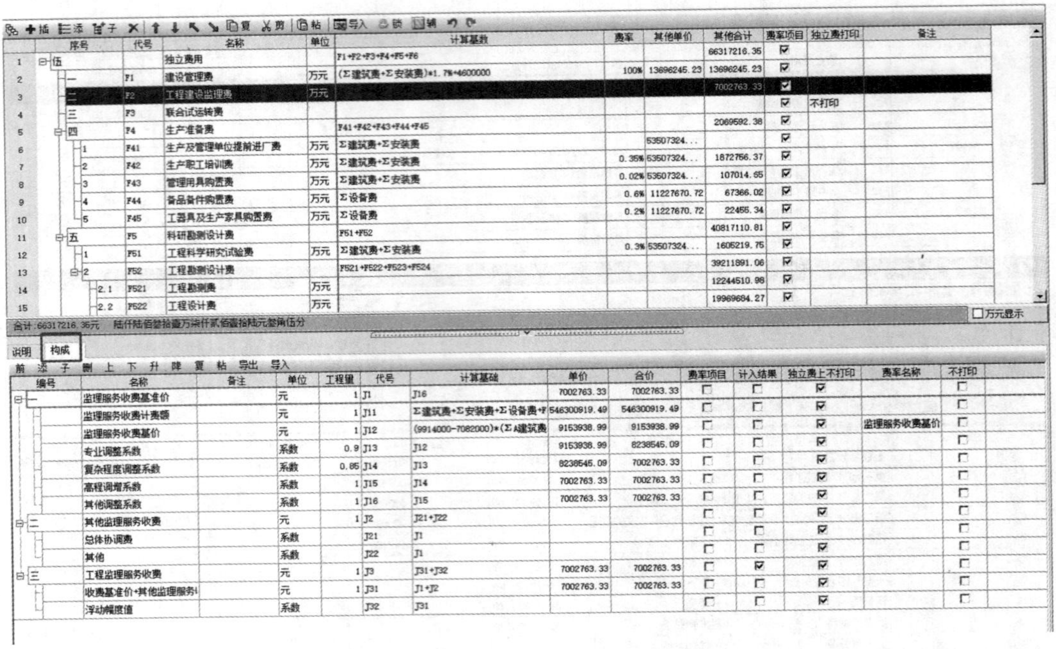

序号	代号	名称	单位	计算基数	费率	其他单价	其他合计	费率项目	独立费打印	备注
1 伍		独立费用		F1+F2+F3+F4+F5+F6			66317216.35	☑		
2 一	F1	建设管理费	万元	(Σ建筑费+Σ安装费)*1.7%+4600000	100%	13696245.23	13696245.23	☑		
3 二	F2	工程建设监理费	万元				7002763.33	☑		
4 三	F3	联合试运转费						☑	不打印	
5 四	F4	生产准备费		F41+F42+F43+F44+F45			2069592.38	☑		
6 1	F41	生产及管理单位提前进厂费	万元	Σ建筑费+Σ安装费		53507324...		☑		
7 2	F42	生产职工培训费	万元	Σ建筑费+Σ安装费	0.35%	53507324...	1872756.37	☑		
8 3	F43	管理用具购置费	万元	Σ建筑费+Σ安装费	0.02%	53507324...	107014.65	☑		
9 4	F44	备品备件购置费	万元	Σ设备费	0.6%	11227670.72	67366.02	☑		
10 5	F45	工器具及生产家具购置费	万元	Σ设备费	0.2%	11227670.72	22455.34	☑		
11 五	F5	科研勘测设计费		F51+F52			40817110.81	☑		
12 1	F51	工程科学研究试验费	万元	Σ建筑费+Σ安装费	0.3%	53507324...	1605219.75	☑		
13 2	F52	工程勘测设计费		F521+F522+F523+F524			39211891.06	☑		
14 2.1	F521	工程勘测费	万元				12244510.98	☑		
15 2.2	F522	工程设计费	万元				19969684.27	☑		

合计:66317216.36元　陆仟陆佰叁拾壹万柒仟贰佰壹拾陆元叁角伍分　万元显示

说明　构成

编号	名称	备注	单位	工程量	代号	计算基础	单价	合价	费率项目	计入结果	独立费上不打印	费率名称	不打印
一	监理服务收费基准价		元	1	J1	J16	7002763.33	7002763.33	☐	☐	☑		☐
	监理服务收费计费额		元	1	J11	Σ建筑费+Σ安装费+Σ设备费+F	546300919.49	546300919.49	☐	☐	☑		☐
	监理服务收费基价		元	1	J12	(9914000-7082000)*(ΣA建筑费	9153938.99	9153938.99	☐	☐	☑	监理服务收费基价	☐
	专业调整系数		系数	0.9	J13	J12	9153938.99	8238545.09	☐	☐	☑		☐
	复杂程度调整系数		系数	0.85	J14	J13	8238545.09	7002763.33	☐	☐	☑		☐
	高程调整系数		系数	1	J15	J14	7002763.33	7002763.33	☐	☐	☑		☐
	其他调整系数		系数	1	J16	J15	7002763.33	7002763.33	☐	☐	☑		☐
二	其他监理服务收费		元	1	J2	J21+J22			☐	☐	☑		☐
	总体协调费		系数		J21	J1			☐	☐	☑		☐
	其他		系数		J22	J1			☐	☐	☑		☐
三	工程监理服务收费		元	1	J3	J31+J32	7002763.33	7002763.33	☐	☑	☑		☐
	收费基准价+其他监理服务		元	1	J31	J1+J2	7002763.33	7002763.33	☐	☐	☑		☐
	浮动幅度值		系数		J32	J31			☐	☐	☑		☐

图 1.37

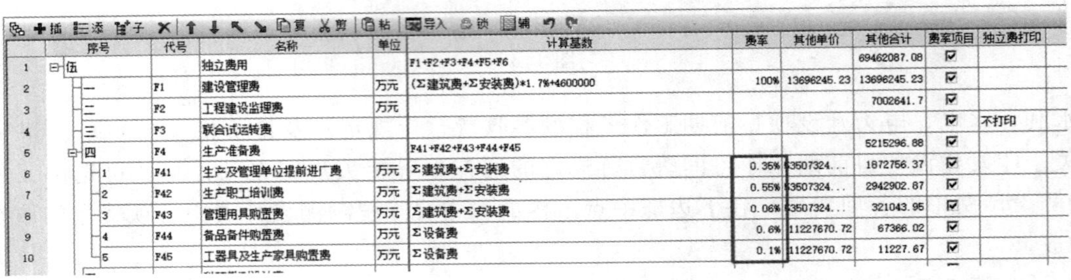

序号	代号	名称	单位	计算基数	费率	其他单价	其他合计	费率项目	独立费打印
1 伍		独立费用		F1+F2+F3+F4+F5+F6			69462087.08	☑	
2 一	F1	建设管理费	万元	(Σ建筑费+Σ安装费)*1.7%+4600000	100%	13696245.23	13696245.23	☑	
3 二	F2	工程建设监理费	万元				7002641.7	☑	
4 三	F3	联合试运转费						☑	不打印
5 四	F4	生产准备费		F41+F42+F43+F44+F45			5215296.88	☑	
6 1	F41	生产及管理单位提前进厂费	万元	Σ建筑费+Σ安装费	0.35%	53507324...	1872756.37	☑	
7 2	F42	生产职工培训费	万元	Σ建筑费+Σ安装费	0.55%	53507324...	2942902.87	☑	
8 3	F43	管理用具购置费	万元	Σ建筑费+Σ安装费	0.06%	53507324...	321043.95	☑	
9 4	F44	备品备件购置费	万元	Σ设备费	0.6%	11227670.72	67366.02	☑	
10 5	F45	工器具及生产家具购置费	万元	Σ设备费	0.1%	11227670.72	11227.67	☑	

图 1.38

图 1.39

[**步骤 8.3**] 环境保护工程设置。

在左边框费用组成中，点击Ⅲ环境保护工程投资中的环境保护工程投资，点击快捷工具栏中的“添”，名称中输入：环境保护工程投资，单位中输入：项，工程量输入：1，建筑单价中输入：5000000。

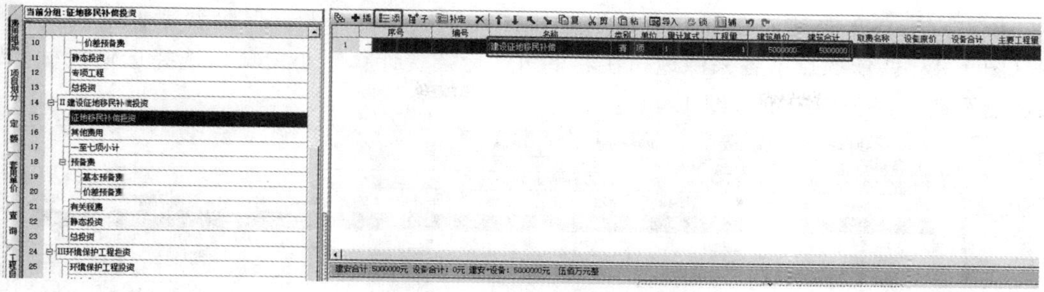

图 1.40

［步骤 8.4］建设期融资利息设置。

在左边框费用组成中，点击Ⅴ工程投资总计中的建设期融资利息，选中建设期融资利息的清单，将计算基数修改为：1000000，点击确定，如图 1.41 所示。

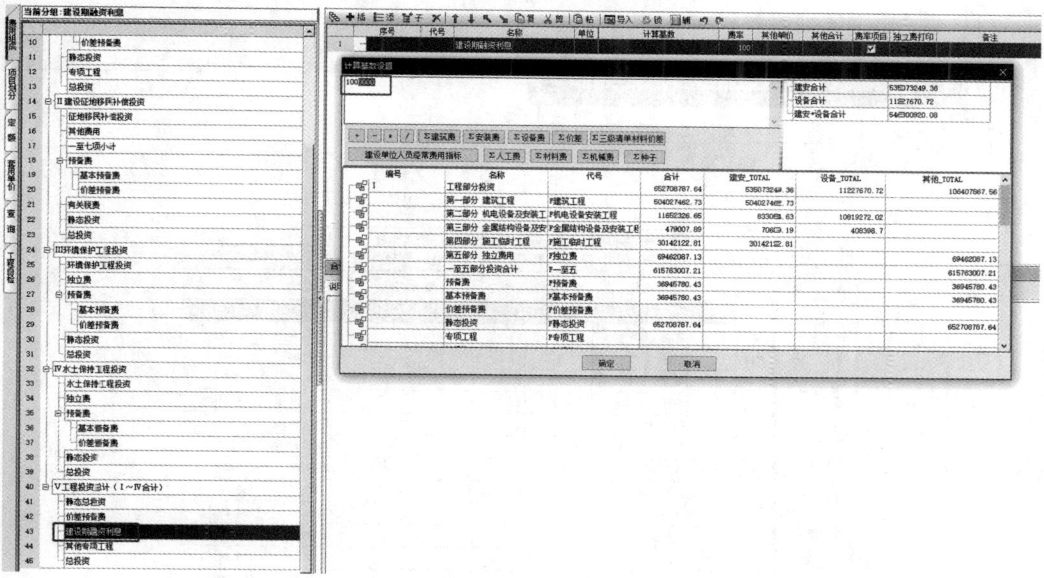

图 1.41

【步骤 9】 基础单价编制。

［步骤 9.1］人工单价设置。

在基础单价编制界面，第一个窗口是人工窗口，在这个窗口中，根据水总〔2014〕429 号《水利工程设计概（估）算编制规定 工程部分》，按工程性质填写。

［步骤 9.2］材料设置。

(1) 主要材料价格计算。以水泥（42.5）为例：在基础单价编制界面的“材料”窗口，选中要计算单价的材料——水泥（42.5），右键选择“计算主材单价”选项，软件会自动切换的“主要材料单价计算”页面。

在“来源地”窗口中，再添加两个来源地。将三个来源地名称分别修改为：甲厂散装、乙厂袋装、乙厂散装，将三个来源地百分比分别修改为：60、12、28，如图 1.42 所示。依次点击各来源地，在下方窗口中输入材料原价、装卸费、保险费率、采购及保管费（图 1.43）。依次点击各来源地，在右下角“运杂费计算”小窗口，选择运输机械，输入运输距离、每公里运价（图 1.44）。

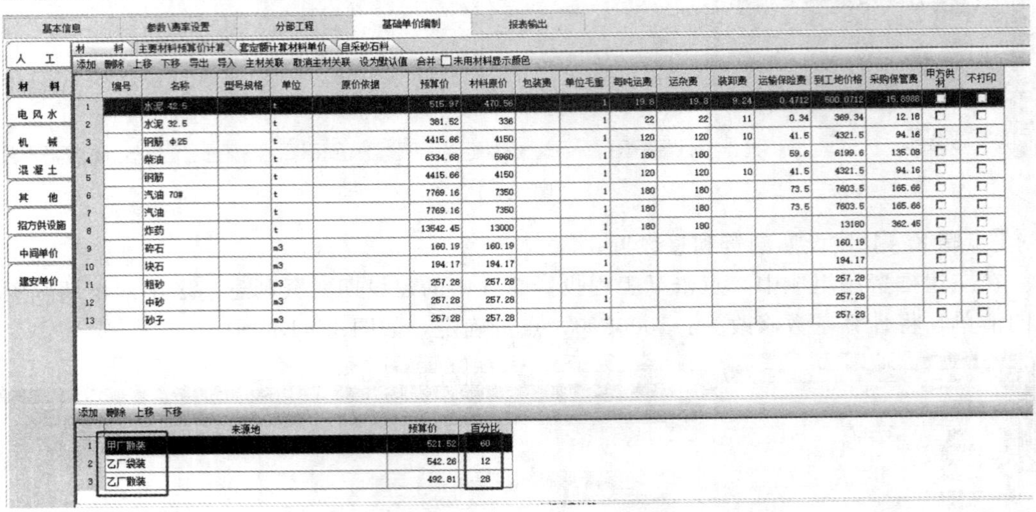

图 1.42

图 1.43

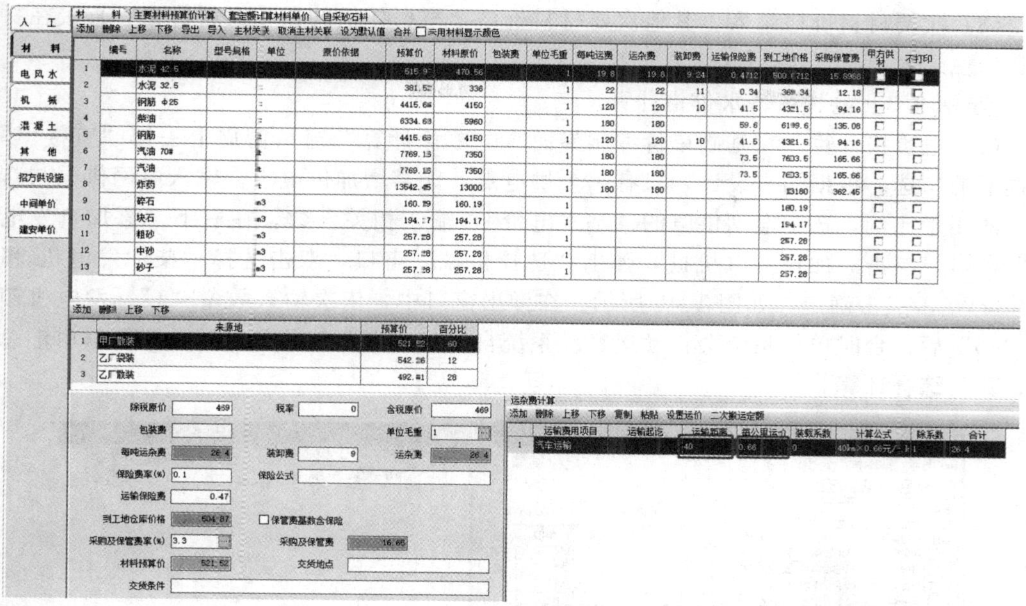

图 1.44

软件根据录入的相关参数，自动计算主要材料价格，并关联到材料窗口。主要材料单价计算完后，水泥的单价会自动关联到材料窗口水泥的预算价里，底色显示为黄色。

其他主要材料价格的计算方法同水泥（42.5）的计算方法。

（2）套定额计算材料单价。在材料页面，选中要套定额计算的材料——模板，右键点击“套定额计算单价”选项，软件会自动切换到“套定额计算材料单价”窗口。

选中模板材料，在定额窗口，选择“50087 圆形隧洞衬砌模板制作（钢模板）隧洞直径 6～10m”，双击套用，完成套定额计算模板材料价格，如图 1.45 所示。

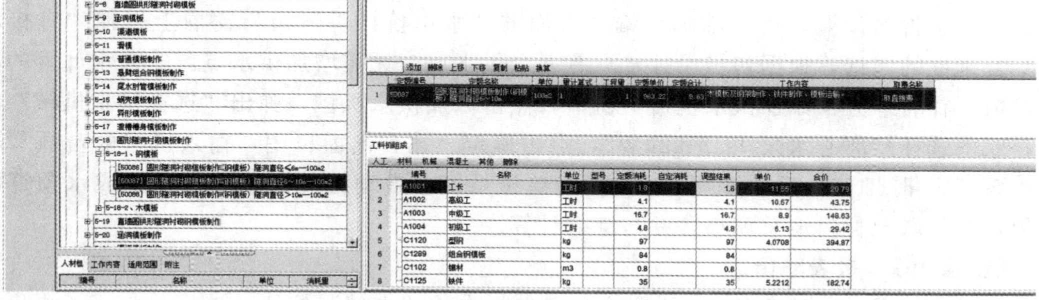

图 1.45

（3）次要材料价格录入。其他次要材料价格，根据提供的相关材料价格，直接在材料预算价栏录入。

［**步骤9.3**］电、风、水价格计算。

（1）电价格计算。在基础单价编制界面“电单价计算”窗口窗眉上去掉“直接填写”复选框的勾选。根据初步设计，只有一个供电点，无需增加供电点。输入电网供电与自行发电的用量比例，选中电网供电的“基本电价”，输入相关参数。在右下“添加自发电机械”窗口，点击添加自发电机械，弹出“选择机械”窗口，双击选择“柴油发电机 移动式 40kW”，点击确定，如图1.46所示。在弹出窗口中，依次输入数量“1”、发电机额定量“40”后，台时单价系统会自动运算。系统自动生成电预算单价，并关联至材料汇总窗口，参与综合计算。

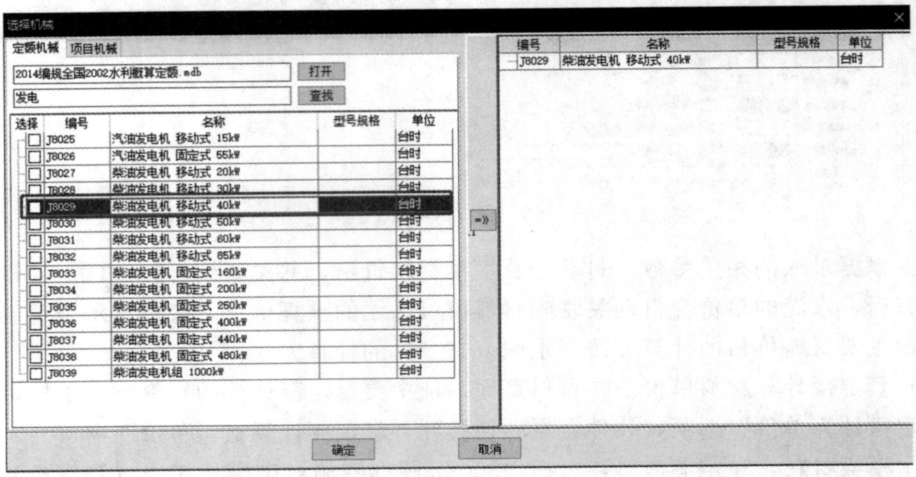

图1.46

（2）风价格计算。在基础单价编制界面的“风单价计算”窗口，去掉“直接填写”复选框的勾选。根据初步设计，只有一个供风点，无需增加供风点。输入风计算相关参数。在右下方“添加供风机械”窗口，点击添加供风机械，点击添加自发电机械，弹出“选择供风机械”窗口，双击选择“空压机 电动 移动式 3.0m³/min”，点击确定。在弹出窗口中，输入机械的台数“1”及供风额定量“3”后（图1.47），台时单价系统会自动运算。系统自动生成水预算电单价，并关联至材料汇总窗口，参与综合计算。

（3）水价格计算。在基础单价编制界面的“水单价计算”窗口窗眉上去掉“直接填写”复选框的勾选。根据初步设计，只有一个供水点，无需增加供水点。输入水计算的相关参数。在右下方“添加供水机械”窗口，点击添加供水机械，弹出“选择供水机械”窗口，双击选择“离心水泵 单级 22kW”，点击确定。在弹出窗口中，输入机械的台数“4”及水泵额定量“155”后（图1.48），台时单价系统会自动运算。系统自动生成水预算电单价，并关联至材料汇总窗口，参与综合计算。

【步骤10】 报表输出。

（1）导出Excel链接表。点击左上角菜单栏中的“文件”按钮，选择导出Excel公式

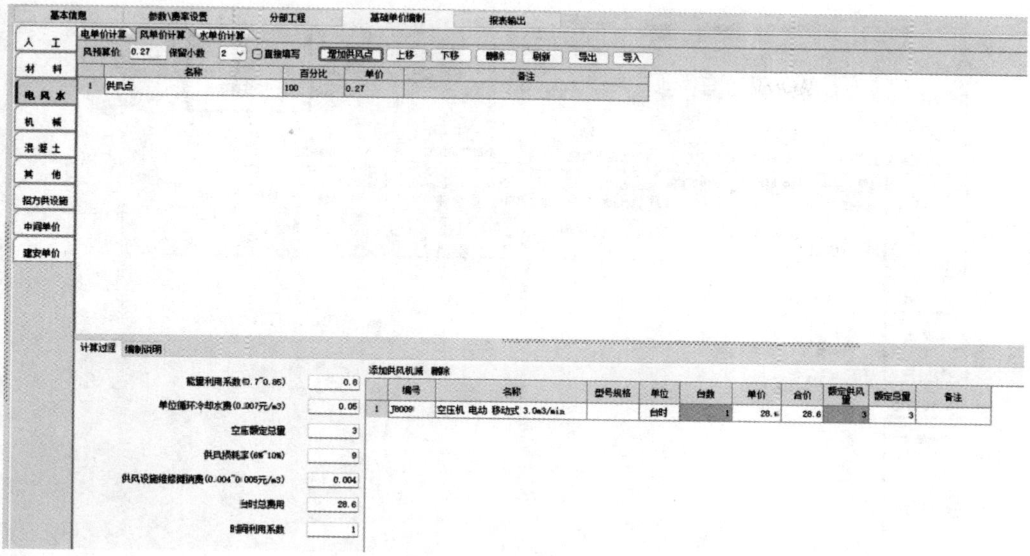

图 1.47

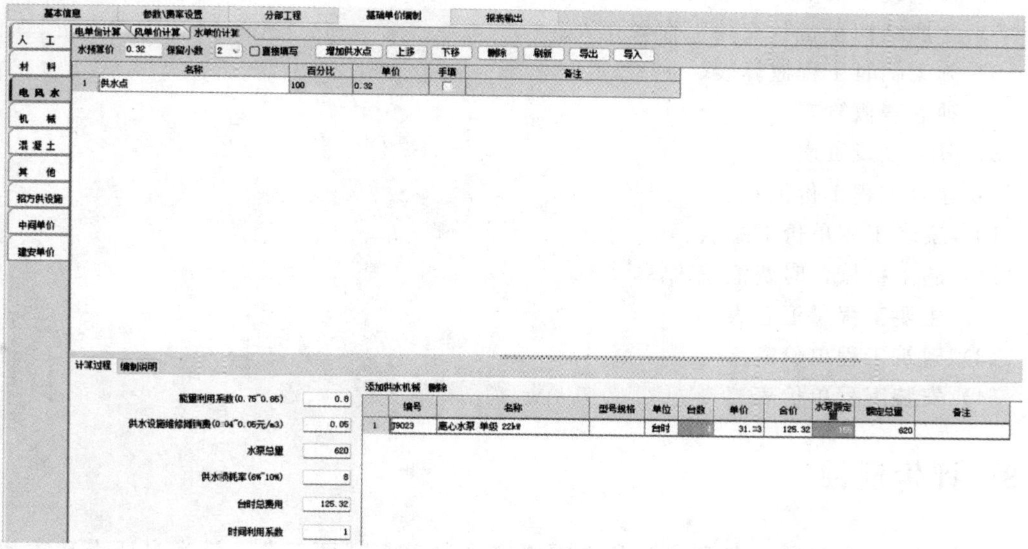

图 1.48

链接表（图 1.49）。点击“常用格式导出”，选择保存位置，修改文件名，点击确定，完成导出。

（2）概算文件常用表格。

1）工程概算总表。

2）工程部分总概算表。

3）建筑工程概算表。

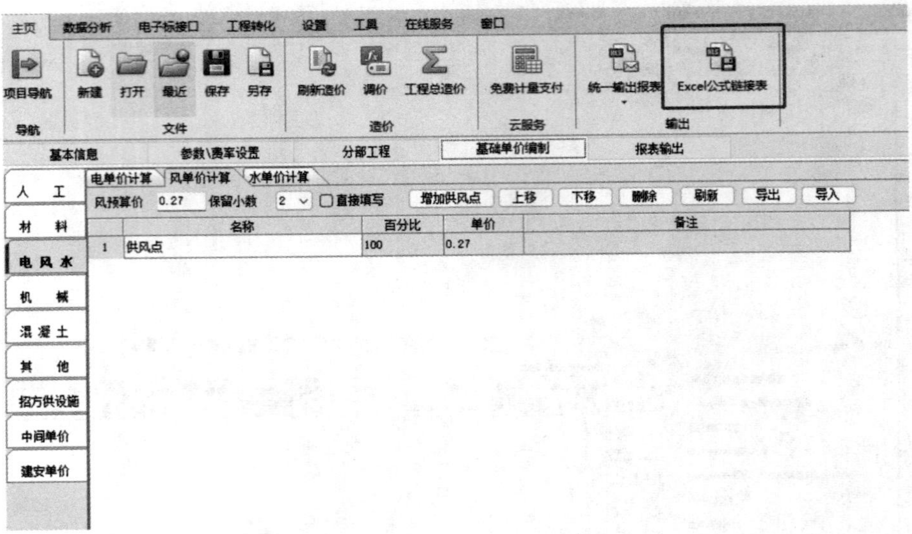

图 1.49

4）机电设备及安装工程概算表。

5）金属结构设备及安装工程概算表。

6）施工临时工程概算表。

7）独立费概算表。

8）分年度投资表。

9）建筑工程单价汇总表。

10）安装工程单价汇总表。

11）施工机械台时费汇总表。

12）主要工程量汇总表。

13）建筑工程单价表。

14）安装工程单价表。

1.8　评价反馈

评价包括学生自评（占 50%）和教师评价（占 50%）两部分，学生自评表和教师评价表见表 1.2 和表 1.3。

表 1.2　　**学 生 自 评 表**

班级		姓名		学号	
工作任务 1	水利工程设计概算文件编制				
评价项目	评价标准			分值	得分
导入清单	登录软件，熟练导入工程量清单			10	
建筑工程单价	熟练编制建筑工程单价			30	

续表

机电、金属结构设备安装工程单价	熟练编制机电、金属结构设备安装工程单价，包括设备原件、安装单价、设备运杂费	20	
施工临时工程单价	施工临时工程清单单价的编制	20	
基础单价编制	主要材料价格计算、电风水价格计算	20	
	合计	100	

表 1.3　　教师评价表

班级		姓名		学号	
工作任务 1	水利工程设计概算文件编制				
评价项目	评价标准			分值	得分
平时表现	出勤、课堂表现			40	
成果评价	生成设计概算文件			60	
	合计			100	

1.9 相关知识点

1.9.1 水利工程项目划分

水利水电建设项目常常是由多种性质的水工建筑物构成的复杂建筑综合体，同其他工程相比，包含的建筑种类多，涉及面广。例如，大中型水利水电工程除拦河大坝、主副厂房外，还有变电站、开关站、输变电线路、引水系统、泄洪设施、公路、桥涵、给排水系统、供风系统、通信系统、辅助企业、文化福利建筑等，难以严格按单项工程、单位工程等确切划分。在编制水利水电工程概（估）算时，根据水利部 2014 年颁发的水总〔2014〕429 号《水利工程设计概（估）算编制规定》（以下简称《编规》）的有关规定，结合水利水电工程的性质特点和组成内容进行项目划分。

1.9.1.1　三大类型

水利水电建设项目可划分为三大类型：

（1）枢纽工程。

（2）引水工程。

（3）河道工程。

按水利工程特点可分为工程部分、移民和环境三大部分。

1.9.1.2　五个部分

水利水电枢纽工程、引水工程和河道工程又划分为建筑工程、机电设备及安装工程、金属结构设备及安装工程、施工临时工程和独立费用五个部分。

1. 第一部分　建筑工程

（1）枢纽工程，是指水利枢纽建筑物（水库、水电站）、大型泵站、大型拦河水闸和其他大型独立建筑物（含引水工程的水源工程），包括挡水工程、泄洪工程、引水工程、发电厂（泵站）工程、升压变电站工程、航运工程、鱼道工程、交通工程、房屋建筑工程和其他建筑工程。其中，挡水工程等前七项为主体建筑工程。

（2）引水工程，是指供水工程、调水工程和灌溉工程（1），包括渠（管）道工程、建筑物工程、交通工程、房屋建筑工程、供电设施工程和其他建筑工程。

（3）河道工程，是指堤防修建与加固工程、河湖整治工程以及灌溉工程（2），包括河湖整治与堤防工程、灌溉及田间渠（管）道工程、建筑物工程、交通工程、房屋建筑工程、供电设施工程和其他建筑工程。

2. 第二部分　机电设备及安装工程

（1）枢纽工程，是指构成枢纽工程固定资产的全部机电设备及安装工程。本部分由发电设备及安装工程、升压变电设备及安装工程和公用设备及安装工程三项组成。

（2）引水工程及河道工程，是指构成该工程固定资产的全部机电设备及安装工程。一般由泵站设备及安装工程、闸（涵）设备及安装工程、电站设备及安装工程、供变电工程和公用设备及安装工程四项组成。

3. 第三部分　金属结构设备及安装工程

该部分指构成枢纽工程、引水工程和河道工程固定资产的全部金属结构设备及安装工程，包括闸门、启闭机、拦污设备、升船机等设备及安装工程，水电站（泵站等）压力钢管制作及安装工程和其他金属结构设备及安装工程。金属结构设备及安装工程的一级项目应与建筑工程的一级项目相对应。

4. 第四部分 施工临时工程

该部分指为辅助主体工程施工所必须修建的生产和生活用临时性工程，包括导流工程、施工交通工程、施工场外供电工程、施工房屋建筑工程、其他施工临时工程。

5. 第五部分　独立费用

该部分由建设管理费、工程建设监理费、联合试运转费、生产准备费、科研勘测设计费和其他等六项组成。

第一、第二、第三部分均为永久性工程，均构成生产运行单位的固定资产。第四部分施工临时工程的全部投资扣除回收价值后，第五部分独立费用扣除流动资产和递延资产后，均以适当的比例摊入各永久工程中，构成固定资产的一部分。

1.9.1.3　三级项目

根据水利工程性质，其工程项目分别按枢纽工程、引水工程和河道工程划分，工程各部分下设一、二、三级项目。其中一级项目相当于单项工程，二级项目相当于单位工程，三级项目相当于分部分项工程。大型水利基本建设工程概（估）算，按《编规》的项目划分编制。其中，二、三级项目中，仅列示了代表性子目，编制概算时，二、三级项目可根据水利工程初步设计编制规程的工作深度要求和工程情况增减或再划分，下列项目宜作必要的再划分：

（1）土方开挖工程，应将土方开挖与砂砾石开挖分列。

（2）石方开挖工程，应将明挖与暗挖，平洞与斜井、竖井分列。

（3）土石方回填工程，应将土方回填与石方回填分列。

(4) 混凝土工程，应将不同工程部位、不同强度等级、不同级配的混凝土分列。

(5) 模板工程，应将不同规格形状和材质的模板分列。

(6) 砌石工程，应将干砌石、浆砌石、抛石、铅丝（钢筋）笼块石等分列。

(7) 钻孔工程，应按使用不同钻孔机械及钻孔的不同用途分列。

(8) 灌浆工程，应按不同灌浆种类分列。

(9) 机电、金属结构设备及安装工程，应根据设计提供的设备清单，按分项要求逐一列出。

(10) 钢管制作及安装工程，应将不同管径的钢管、叉管分列。

对于招标工程，应根据已批准的初步设计概算，按水利水电工程业主预算项目划分，进行业主预算（执行概算）编制。

1.9.2 水利工程费用构成

建设项目费用是指工程项目从筹建到竣工验收、交付使用所需要的费用总和。水利水电建设项目一般投资多、规模大、涉及范围广，为合理确定与预测水利工程造价，根据《编规》的规定，水利水电工程建设项目费用由工程费（建筑及安装工程费、设备费）、独立费用、预备费和建设期融资利息组成，具体见图 1.50。

1.9.2.1 建筑及安装工程费

建筑及安装工程费由直接费、间接费、利润、材料补差和税金组成。

1. 直接费

直接费是指建筑安装工程施工过程中直接消耗在工程项目上的活劳动和物化劳动，由基本直接费和其他直接费组成。

(1) 基本直接费。基本直接费包括人工费、材料费和施工机械使用费。

1) 人工费，是指直接从事建筑安装工程施工的生产工人开支的各项费用，包括基本工资和辅助工资。

2) 材料费，是指用于建筑安装工程项目上的消耗性材料、装置性材料和周转性材料摊销费，包括定额工作内容规定应计入的未计价材料和计价材料。

材料预算价格一般包括材料原价、运杂费、运输保险费和采购及保管费四项。

3) 施工机械使用费，是指消耗在建筑安装工程项目上的机械磨损、维修和动力燃料费用等，包括折旧费、修理及替换设备费、安装拆卸费、机上人工费和动力燃料费等。

(2) 其他直接费。其他直接费包括冬雨季施工增加费、夜间施工增加费、特殊地区施工增加费、临时设施费、安全生产措施费和其他。

1) 冬雨季施工增加费，是指在冬雨季施工期间为保证工程质量所需增加的费用，包括增加施工工序，增设防雨、保温、排水等设施增耗的动力、燃料、材料以及因人工、机械效率降低而增加的费用。

2) 夜间施工增加费，是指施工场地和公用施工道路的照明费用。照明线路工程费用包括在“临时设施费”中；施工附属企业系统、加工厂、车间的照明费用，列入相应的产品中，均不包括在本项费用之内。

3) 特殊地区施工增加费，是指在高海拔、原始森林、沙漠等特殊地区施工而增加的

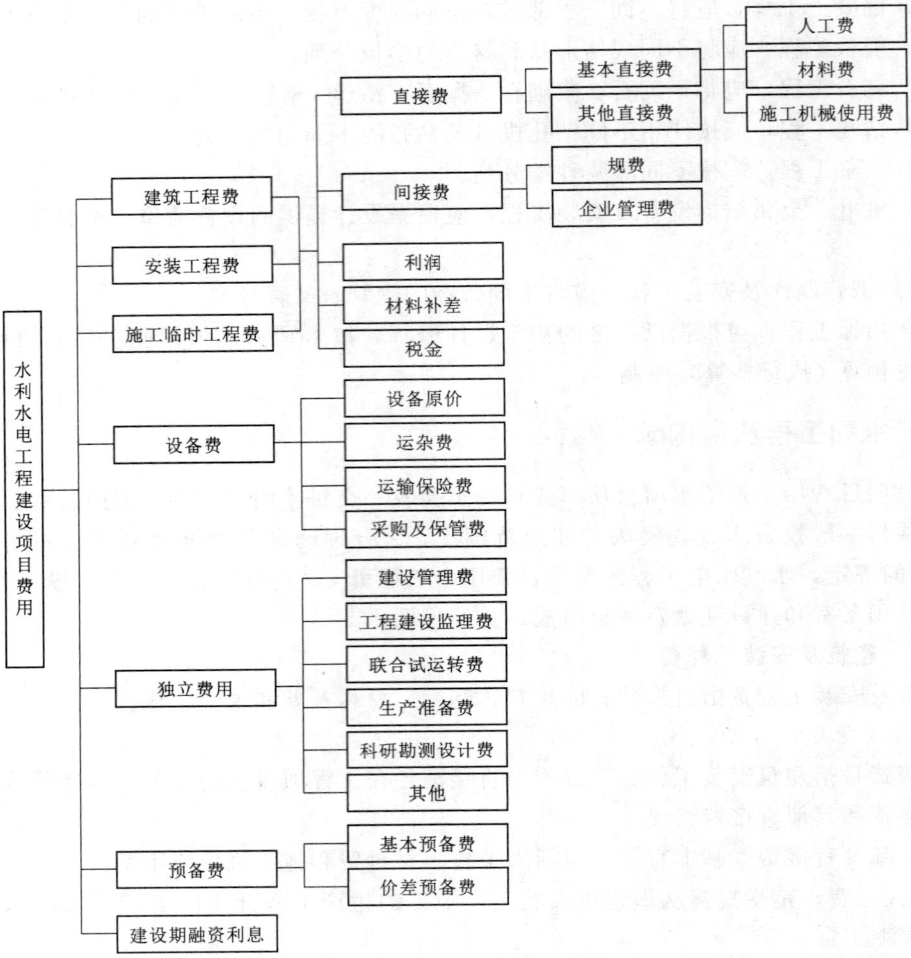

图1.50　水利水电工程建设项目费用构成

费用。其中高海拔地区施工增加费已计入定额，其他特殊增加费应按工程所在地区规定标准计算，地方没有规定的不得计算此项费用。

4）临时设施费，是指施工企业为进行建筑安装工程施工所必需的但又未被划入施工临时工程的临时建筑物、构筑物和各种临时设施的建设、维修、拆除、摊销等。如：供风、供水（支线）、供电（场内）、照明、供热系统及通信支线，土石料场，简易砂石料加工系统，小型混凝土拌和浇筑系统，木工、钢筋、机修等辅助加工厂，混凝土预制构件厂，场内施工排水，场地平整、道路养护及其他小型临时设施等。

5）安全生产措施费，是指为保证施工现场安全作业环境及安全施工、文明施工所需要，在工程设计已考虑的安全防护措施之外发生的安全生产、文明施工相关的费用。

6）其他，包括施工工具用具使用费，检验试验费，工程定位复测及施工控制网测设，工程点交、竣工场地清理，工程项目及设备仪表移交生产前的维护费，工程验收检测费等。

2. 间接费

间接费指施工企业为建筑安装工程施工而进行组织与经营管理所发生的各项费用。间接费构成产品成本，由规费和企业管理费组成。

3. 利润

利润指按规定应计入建筑安装工程费用中的利润。利润不分建筑工程和安装工程，均按直接费与间接费之和的7%计算。

4. 材料补差

材料补差指根据主要材料消耗量、主要材料预算价格与材料基价之间的差值，计算的主要材料补差金额。材料基价是指计入基本材料费的主要材料的限制价格。

5. 税金

税金指国家对施工企业承担建筑、安装工程作业收入所征收的营业税、城乡维护税和教育费附加。上述税费应分别根据国家发布的有关文件规定的征收范围和税率计算。

1.9.2.2 设备费

设备费包括设备原价、运杂费、运输保险费和采购及保管费。

1. 设备原价

(1) 国产设备。其原价指出厂价。

(2) 进口设备。以到岸价和进口征收的税金、手续费、商检费及港口费等各项费用之和为原价。

(3) 大型机组及其他大型设备分别运至工地后的拼装费用，应包括在设备原价内。

2. 运杂费

运杂费指设备由厂家运至工地现场所发生的一切运杂费用，包括运输费、装卸费、包装绑扎费、大型变压器充氮费及可能发生的其他杂费。

3. 运输保险费

运输保险费指设备在运输过程中的保险费用。

4. 采购及保管费

采购及保管费指建设单位和施工企业在负责设备的采购、保管过程中发生的各项费用，主要如下：

(1) 采购保管部门工作人员的基本工资、辅助工资、职工福利费、劳动保护费、养老保险费、失业保险费、医疗保险费、工伤保险费、生育保险费、住房公积金、教育经费、办公费、差旅交通费、工具用具使用费等。

(2) 仓库、转运站等设施的运行费、维修费、固定资产折旧费、技术安全措施费和设备的检验、试验费等。

1.9.2.3 独立费用

独立费用由建设管理费、工程建设监理费、联合试运转费、生产准备费、科研勘测设计费和其他等六项组成。

1. 建设管理费

建设管理费指建设单位在工程项目筹建和建设期间进行管理工作所需的费用，包括建设单位开办费、建设单位人员费、项目管理费三项。

（1）建设单位开办费，是指新组建的工程建设单位，为开展工作所必须购置的办公设施、交通工具等以及其他用于开办工作的费用。

（2）建设单位人员费，是指建设单位从批准组建之日起至完成该工程建设管理任务之日止，需开支的建设单位人员费用，主要包括工作人员的基本工资、辅助工资、职工福利费、劳动保护费、养老保险费、失业保险费、医疗保险费、工伤保险费、生育保险费、住房公积金等。

（3）项目管理费，是指建设单位从筹建到竣工期间所发生的各种管理费用，具体如下：

1）工程建设过程中用于资金筹措、召开董事（股东）会议、视察工程建设所发生的会议和差旅等费用。

2）工程宣传费。

3）土地使用税、房产税、印花税、合同公证费。

4）审计费。

5）施工期间所需的水情、水文、泥沙、气象监测费和报汛费。

6）工程验收费。

7）建设单位人员的教育经费、办公费、差旅交通费、会议费、交通车辆使用费、技术图书资料费、固定资产折旧费、零星固定资产购置费低值易耗品摊销费、工具用具使用费、修理费、水电费、采暖费等。

8）招标业务费。

9）经济技术咨询费，包括勘测设计成果咨询、评审费，工程安全鉴定、验收技术鉴定、安全评价相关费用，建设期造价咨询，防洪影响评价、水资源论证、工程场地地震安全性评价、地质灾害危险性评价及其他专项咨询等发生的费用。

10）公安、消防部门派驻工地补贴费及其他工程管理费用。

2. 工程建设监理费

工程建设监理费指建设单位在工程建设过程中委托监理单位，对工程建设的质量、进度、安全和投资进行监理所发生的全部费用。

3. 联合试运转费

联合试运转费指水利工程的发电机组、水泵等安装完毕，在竣工验收前，进行整套设备带负荷联合试运转期间所需的各项费用，主要包括联合试运转期间所消耗的燃料、动力、材料及机械使用费，工具用具购置费，施工单位参加联合试运转人员的工资等。

4. 生产准备费

生产准备费指水利建设项目的生产、管理单位为准备正常的生产运行或管理发生的费用，包括生产及管理单位提前进厂费、生产职工培训费、管理用具购置费、备品备件购置费和工器具及生产家具购置费。

（1）生产及管理单位提前进厂费，是指在工程完工之前，生产、管理单位一部分工人、技术人员和管理人员提前进厂进行生产筹备工作所需的各项费用。内容包括提前进厂人员的基本工资、辅助工资、职工福利费、劳动保护费、失业保险费、医疗保险费、工伤保险费、生育保险费、住房公积金、教育经费、办公费、差旅交通费、会议费、技术图书资料费、零星固定资产购置费，低值易耗品摊销费、工具用具使用费、修理费、水电费、采暖费等，以及其他属于生产筹建期间应开支的费用。

(2) 生产职工培训费，是指生产及管理单位为保证生产、管理工作顺利进行，对工人、技术人员和管理人员进行培训所发生的费用。

(3) 管理用具购置费，是指为保证新建项目的正常生产和管理所必须购置的办公和生活用具等费用，包括办公室、会议室、资料档案室、阅览室、文娱室、医务室等公用设施需要配置的家具器具。

(4) 备品备件购置费，是指工程在投产运行初期，由于易损件损耗和可能发生的事故，而必须准备的备品、备件和专用材料的购置费，不包括设备价格中配备的备品、备件。

(5) 工器具及生产家具购置费，是指按设计规定，为保证初期生产正常运行所必须购置的不属于固定资产标准的生产工具、器具、仪表、生产家具等的购置费，不包括设备价格中已包括的专用工具。

5. 科研勘测设计费

科研勘测设计费指工程建设所需的科研、勘测和设计等费用，包括工程科学研究试验费和工程勘测设计费。

(1) 工程科学研究试验费，是指为保障工程质量，解决工程建设技术问题，而进行必要的科学研究试验所需的费用。

(2) 工程勘测设计费，是指工程从项目建议书阶段开始至以后各设计阶段发生的勘测费、设计费和为勘测设计服务的常规科研试验费，不包括工程建设征地移民设计、环境保护设计、水土保持设计各设计阶段发生的勘测设计费。

6. 其他

(1) 工程保险费，是指工程建设期间，为使工程能在遭受水灾、火灾等自然灾害和意外事故造成损失后得到经济补偿，而对工程进行投保所发生的保险费用。

(2) 其他税费，是指按国家规定应缴纳的与工程建设有关的税费。

1.9.2.4 预备费

预备费是指在初级阶段难以预料而在施工过程中又可能发生的规定范围内的工程费用，以及工程建设内发生的价差。预备费包括基本预备费和价差预备费两项。

(1) 基本预备费。基本预备费主要为解决在工程建设过程中，设计变更和有关技术标准调整增加的投资以及工程遭受一般自然灾害所造成的损失和为预防自然灾害所采取的措施费用。

(2) 价差预备费。价差预备费主要为解决在工程建设过程中，因人工工资、材料和设备价格上涨以及费用标准调整而增加的投资。

1.9.2.5 建设期融资利息

建设期融资利息，是指根据国家财政金融政策规定，工程在建设期内需偿还并应计入工程总投资的融资利息。

1.9.3 设计概算编制程序集文件组成

1.9.3.1 设计概算编制依据

（1）国家及省、自治区、直辖市颁发的有关法令法规、制度、规程。

（2）水利工程设计概（估）算编制规定。

（3）水利行业主管部门颁发的概算定额和有关行业主管部门颁发的定额。

（4）水利水电工程设计工程量计算规则。

（5）初步设计文件及图纸。

（6）有关合同协议及资金筹措方案。

（7）其他。

1.9.3.2 设计概算文件编制程序

1. 准备工作

（1）了解工程概况，即了解工程位置、规模、枢纽布置、地质、水文情况、主要建筑物的结构型式和主要技术数据、施工总布置、施工导流、对外交通条件、施工进度及主体工程施工方案等。

（2）拟定工作计划，确定编制原则和依据；确定计算基础单价的基本条件和参数；确定所采用的定额标准及有关数据；明确各专业提供的资料内容、深度要求和时间；落实编制进度及提交最后成果的时间；编制人员分工安排和提出计划工作量。

（3）调查研究、收集资料。主要了解施工用砂、石、土料储量、级配、料场位置、料场内外交通运输条件、开挖运输方式等。搜集物资、材料、税务、交通及设备价格资料，调查新技术、新工艺、新材料的有关价格等。

2. 计算基础单价

基础单价是建安工程单价计算的重要依据和基本要素之一。应根据收集到的各项资料，按工程所在地编制年价格水平，执行上级主管部门有关规定分析计算。

3. 划分工程项目、计算工程量

按照《水利工程设计概（估）算编制规定》进行项目划分，并按水利水电工程量计算规定计算工程量。设计工程量就是编制概算的工程量。合理的超挖、超填和施工附加量及各种损耗和体积变化等均已按现行规范计入有关概算定额，设计工程量中不再另行计算。

4. 套用定额计算工程单价

在上述工作的基础上，根据工程项目的施工组织设计、现行定额、费用标准和有关基础单价，分别编制工程单价。

5. 编制工程概算

根据工程量、设备清单、工程单价和费用标准分别编制各部分概算。

6. 进行工、料、机分析汇总

将各工程项目所需的人工工时和费用，主要材料数量和价格，施工机械规格、型号、数量及台时，进行统计汇总。

7. 汇总静态总投资

各部分概算投资计算完成后，即可进行工程部分概算汇总，主要内容如下：

(1) 汇总建筑工程、机电设备及安装工程、金属结构设备及安装工程、施工临时工程、独立费用五部分投资。

(2) 五部分投资合计之后，再计算基本预备费，五部分投资合计加上基本预备费即为工程部分静态投资。

(3) 工程部分、建设征地移民补偿、环境保护工程、水土保持工程的静态投资之和构成静态总投资。

8. 汇总总投资

静态总投资、价差预备费、建设期融资利息之和构成总投资。

编制工程概算总表时，在工程投资总计中应顺序计列静态总投资（汇总各部分静态投资)、价差预备费、建设期融资利息和总投资。

9. 编写编制说明及投资对比分析报告

编写编制说明并将校核、审定后的概算成果一同装订成册，编制投资对比分析报告，形成设计概算文件。

1.9.3.3 概算文件组成内容

概算文件包括设计概算报告（正件)、附件、投资对比分析报告。

1. 概算正件组成内容

(1) 编制说明。

1) 工程概况，包括流域、河系、兴建地点、工程规模、工程效益、工程布置形式、主体建筑工程量、主要材料用量、施工总工期等。

2) 投资主要指标，包括工程总投资和静态总投资、年度价格指数、基本预备费率、建设期融资额度、利率和利息等。

3) 编制原则和依据。

a. 概算编制原则和依据。

b. 人工预算单价．主要材料，施工用电、水、风、砂石料等基础单价的计算依据。

c. 主要设备价格的编制依据。

d. 建筑安装工程定额、施工机械台时费定额和有关指标的采用依据。

e. 费用计算标准及依据。

f. 工程资金筹措方案。

4) 概算编制中其他应说明的问题。

5) 主要技术经济指标表。

(2) 工程概算总表。

工程概算总表应汇总工程部分、建设征地移民补偿、环境保护工程、水土保持工程总概算表。

(3) 工程部分概算表和概算附表。

1) 概算表。概算表包括：①工程部分总概算表；②建筑工程概算表；③机电设备及安装工程概算表；④金属结构设备及安装工程概算表；⑤施工临时工程概算表；⑥独立费用概算表；⑦分年度投资表；⑧资金流量表（枢纽工程)。

2) 概算附表。概算附表包括：①建筑工程单价汇总表；②安装工程单价汇总表；

③主要材料预算价格汇总表；④次要材料预算价格汇总表；⑤施工机械台时费汇总表；⑥主要工程量汇总表；⑦主要材料量汇总表；⑧工时数量汇总表。

2. 概算附件组成内容

（1）人工预算单价计算表。

（2）主要材料运输费用计算表。

（3）主要材料预算价格计算表。

（4）施工用电价格计算书（附计算说明）。

（5）施工用水价格计算书（附计算说明）。

（6）施工用风价格计算书（附计算说明）。

（7）补充定额计算书（附计算说明）。

（8）补充施工机械台时费计算书（附计算说明）。

（9）砂石料单价计算书（附计算说明）。

（10）混凝土材料单价计算表。

（11）建筑工程单价表。

（12）安装工程单价表。

（13）主要设备运杂费率计算书（附计算说明）。

（14）临时房屋建筑工程投资计算书（附计算说明）。

（15）独立费用计算书（勘测实际费可另附计算书）。

（16）分年度投资计算表。

（17）资金流量计算表。

（18）价差预备费计算表。

（19）建设期融资利息计算书（附计算说明）。

（20）计算人工、材料、设备预算价格和费用依据的有关文件、询价报价资料及其他。

3. 投资对比分析报告

应从价格变动、项目及工程量调整、国家政策性变化等方面进行详细分析，说明初步设计阶段与可行性研究阶段（或可行性研究阶段与项目建议书阶段）相比较的投资变化原因和结论，编写投资对比分析报告。工程部分报告应包括：①总投资对比表；②主要工程量对比表；③主要材料和设备价格对比表；④其他相关表格。

投资对比分析报告应汇总工程部分、建设征地移民补偿、环境保护、水土保持各部分对比分析内容。

设计概算报告（正件）、投资对比分析报告可单独成册，也可作为初步设计报告（设计概算）的相关内容。设计概算附件宜单独成册，并应随初步设计文件报审。

工作任务2　水利工程投标文件编制

2.1　工作任务

根据某枢纽工程招标文件（摘选），安装水利工程造价管理软件，完成投标文件中商务标部分。

××××工程

招标文件

合同编号：

招　标　人：

设　计　人：

招标代理人：

××××年×月

目　　录

第 1 章　招标公告
第 2 章　投标人须知（略）
1　总则
1.1　项目概况
1.2　资金来源和落实情况
1.3　招标范围、计划工期和质量要求
1.4　投标人资格要求
1.5　勘查现场
1.6　投标预备会
2　招标文件
2.1　招标文件的组成
2.2　招标文件的澄清
2.3　招标文件的修改
3　投标文件
3.1　投标文件的组成
3.2　投标报价
3.3　投标有效期
3.4　投标保证金
3.5　资格审查资料
3.6　投标文件的编制
4　投标
5　开标
6　评标
7　合同授予
8　重新招标和不再招标
9　纪律和监督
第 3 章　评标办法（略）
第 4 章　合同条款及格式（略）
第 5 章　工程量清单
1　工程量清单说明
2　投标报价说明
第 6 章　图纸（略）
第 7 章　技术标准和要求（略）
第 8 章　投标文件格式（略）

第1章 招 标 公 告

1 招标条件

××××工程已由国家批准，建设资金已落实，资金来源为政府资金。招标人为×××××，招标代理机构为×××××。项目已具备招标条件，先对项目进行国内公开招标。

2 项目概况与招标范围

2.1 项目概况

××××工程位于河南省郑州市境内。水库控制流域面积5201km^2。设计防洪标准为100年一遇，校核标准为500年一遇，是一座以防洪、供水为主，兼顾灌溉、发电、改善河道基流等综合利用的大（2）型水利枢纽。主要建筑物包括：混凝土面板堆石坝、溢洪道、引水发电洞、泄洪洞、水电站。大坝为1级建筑物、泄洪洞、溢洪道为2级建筑物、发电站为3级建筑物，临时建筑物级别为4级。

2.2 招标范围

招标内容：大坝基础开挖及处理、趾板边坡支护、大坝填筑、混凝土面板施工等。主要工程量：土石方开挖10万m^3，坝体土石方填筑50万m^3，混凝土2.1m^3，基础处理砂卵石强夯2.27m^2，固结灌浆0.5m，钢筋制安200t。

2.3 计划工期

计划二期：27个月。

3 投标人资格

3.1 投标人资格要求

（1）具备独立企业法人资格。

（2）具有水利水电工程施工总承包壹级及以上资质。

（3）具有企业安全生产许可证。

（4）企业通过ISO 9000质量管理体系认证。

（5）2005年以来具有大型水利水电类似工程的施工经历。

（6）项目经理应具备水利水电专业一级建造师资格、大型水利水电工程项目经理3年以上岗位任职经历，技术负责人应具备相关专业高级工程师以上技术职称、3年以上相关专业技术管理经历，项目经理和专职安全员应取得省部级以上安全生产考核合格证。

4 招标文件的获取

凡有意参加投标者，必须派代表持企业法定代表人的授权委托书、委托代理人身份证原件、营业执照副本原件、企业资质等级证书副本原件、ISO 9000质量管理体系证书原件、类似工程合同原件，于××××年×月×日—××××年×月×日（8：30—12：00，14：30—17：30）到×××公司购买招标文件，同时提交上述各类原件的复印件，复印件应按上述顺序装订成册，每页均须加盖单位公章。原件经核对后随即退还。

招标文件每套售价贰仟元（￥2000元），现金支付，售后不退。

5　现场踏勘

招标人将于××××年×月×日×时在河南省郑州市×××酒店集合组织潜在投标人进行现场查勘，自愿参加。

6　投标文件的递交

投标文件递交的截止时间（投标截止时间）：××××年×月×日×时，地点为河南省郑州市×××酒店4楼会议室投标文件接收处。

逾期送达的投标文件，招标人不予受理。

7　发布公告的媒介

本次招标公告同时在中国采购与招标网、河南招标采购综合网上发布。

8　联系方式

招标人：

地址：

联系人：

电话：

招标代理人：

地址：

联系人：

电话：

第5章　工程量清单

1　工程量清单说明

1.1　工程量清单应与招标文件中的投标人须知、通知合同条款、专用合同条款、技术标准和要求（合同技术条款）、图纸等一起阅读和理解。

1.2　本工程量清单仅是投标报价的共同基础，除另有约定外，工程量清单中的工程量是根据招标设计图纸计算的用于投标报价的估算工程量，不作为最终结算工程量。最终结算工程量是承包人实际完成并符合技术标准和要求（合同技术条款）规定，按施工图纸计算的有效工程量。

1.3　工程量清单中各项目的工作内容和要求应符合技术标准和要求（合同技术条款）的规定。

1.4　工程价款的支付遵循合同条款的约定。

1.5　本清单所有项目的计量与支付规则除满足本技术条款“计量与支付”外，同时满足《水利工程工程量清单计价规范》（GB 50501—2007），两者不一致时，以本技术条款规定为准。

2　投标报价说明

2.1　工程量清单报价表组成

工程量清单报价表由以下表格组成：

（1）投标总价。

（2）工程项目总价表。

(3) 分类分项工程量清单报价表。

(4) 计日工项目报价表。

(5) 工程单价汇总表。

(6) 工程单价费（税）率汇总表。

(7) 投标人生产电、风、水、砂石基础单价汇总表。

(8) 投标人生产混凝土配合比材料费表。

(9) 投标人自行采购主要材料预算价格汇总表。

(10) 投标人自备施工机械台时（班）费汇总表。

(11) 工程单价计算表。

(12) 人工费单价汇总表。

2.2 工程量清单填写规定

(1) 除招标文件另有规定外，投标人不得随意增加、删除或涂改招标文件工程量清单中的任何内容。符合合同规定的全部费用和利润都应包括在工程量清单所列的各项目中，合同规定应有承包人承担而在工程量清单中未详细列出的项目，其费用和利润应认为已包括在其他有关项目的单价和合价中。工程量清单中凡未估列工程量、其单位为“项”的项目，由投标人依据本合同文件要求，并根据现场可利用条件和投标人的施工方案等，自行确定工程量和合价，此类项目的工程量及合价，在实施过程中一般不予调整，实行总价承包。

(2) 工程量清单中的工程单价是完成工程量清单中一个质量合格的规定计量单位项目所需的直接工程费、间接费、企业利润和税金，并考虑风险因素。投标人应根据规定的工程单价组成内容确定工程单价。除另有规定外，对有效工程量之外的超挖、超填工程量，施工附加量，加工、运输损耗量等，所消耗的人工、材料和机械费用，均应摊入相应有效工程量的工程单价内。

(3) 投标金额（价格）均应为人民币表示。

(4) 投标总价应按工程项目工程量清单表合计金额填写。

(5) 工程项目总价表中组号和工程项目名称按招标文件工程量清单相应内容填写，并按分组工程量清单报价表中相应项目合计金额填写。暂列金额按招标文件工程项目总价表中的相应内容填写。

(6) 分组工程量清单报价表中的序号、人工、材料、机械的名称、型号规格以及计量单位，由投标人按需要自行确定，并填写相应项目单价。

(7) 计日工项目报价表的序号、人工、材料、机械的名称、型号规格以及计量单位，由投标人按需要自行确定，并填写相应项目单价。

(8) 辅助表格填写。

1) 工程单价汇总表，按工程单价计算表中的相应内容、价格（费率）填写。

2) 工程单价费（税）率汇总表，按工程单价计算表中的相应内容、费（税）率填写。

3) 投标人生产电、风、水、砂石基础单价汇总表，按基础单价分析计算成果的相应内容、价格填写，并附相应基础单价的分析计算书。

4）投标人生产混凝土配合比材料费表，按表中工程部分、混凝土强度等级（附抗渗、抗冻等级）、水泥强度、级配、水灰比、相应材料用量和单价填写，填写的单价必须与工程单价计算表中相应的混凝土材料单价一致。

5）投标人自行采购主要材料预算价格汇总表，按表中的序号、材料名称、型号规格、计量单位和填写的预算价格，填写的预算价格必须与工程计算表中相应的材料预算价格一致。

6）投标人自备机械台时（班）费汇总表，按表中的序号、机械名称、型号规格、一类费用和二类费用填写，填写的台时（班）费合计金额必须与工程单价计算表中相应的施工机械台时（班）费单价一致。

7）工程单价计算表，按表中的施工方法、序号、名称、型号规格、计量单位、数量、单价、合价填写。

8）投标金额大于或等于投标总标价万分之五的工程项目，必须编报工程单价计算表。工程单价计算表，按表中的施工方法、序号、名称、型号规格、计量单位、数量、单价、合价填写，填写的人工、材料和机械等基础价格，必须与人工费价汇总表、基础材料单价汇总表、主要材料预算价格汇总表及施工机械台时（班）费汇总表中的单价一致。

9）人工费单价汇总表应按人工费单价计算表的内容、价格填写，并附相应的人工费单价计算表。

投 标 总 价

（项目名称）　　　　（标段名称）

合同编号：

投标总价人民币（大写）：______________元

（¥）：______________元

工 程 项 目 总 价 表

合同编号：（投标项目合同号）

工程名称：　　　　（项目名称）　　　　（标段名称）

组号	项目分组名称	金额/元	备注
	合计（A）		

暂列金额（B）（由招标人填入）

投标总报价（A）＋（B）　（填入投标总价）

分类分项工程量清单报价表

合同编号：

工程名称：

序号	项目名称	计量单位	工程数量	单价/元	合价/元	项目特征
1	建筑工程					
1.1	溢洪道					
1.1.1	土方开挖	m^3	2941			$2m^3$ 挖掘机挖装Ⅲ类土，自卸汽车运输运距 3km，自卸汽车 10t
1.1.2	土方回填	m^3	2230			机械夯实
1.1.3	平面模板制作安拆	m^2	864.05			普通平面木模板
1.1.4	曲面模板制作安拆	m^2	378.29			普通曲面模板
1.1.5	C15 无砂混凝土垫层	m^3	9.37			C15 水泥强度 32.5 3 级配
1.1.6	C25 混凝土衬砌	m^3	26.3			明渠衬砌（衬砌厚度 25cm）；C25 水泥强度 42.5 三级配；搅拌机出料 $0.8m^3$；机动翻斗车运混凝土，运距 500m
1.1.7	C25 混凝土重力式挡土墙	m^3	522.04			墙厚 30cm；C25 水泥强度 42.5 三级配；搅拌机出料 $0.8m^3$；机动翻斗车运混凝土，运距 500m
1.1.8	C30 混凝土闸底板	m^3	230.6			底板厚度 100cm，C30 水泥强度 42.5 3 级配；搅拌机出料 $0.8m^3$；机动翻斗车运混凝土，运距 500m
1.1.9	C30 二期混凝土	m^3	0.75			闸门槽二期，C30 水泥强度 42.5 3 级配；搅拌机出料 $0.8m^3$；机动翻斗车运混凝土，运距 500m
1.1.10	钢筋制安	t	21.76			
1.1.11	M10 浆砌块石曲面护坡	m^3	163.89			
1.1.12	碎石垫层	m^3	175.63			
1.1.13	土工布铺设	m^2	1970.3			平铺
1.1.14	不锈钢栏杆高 1.2m	m	67			200 元/m
1.1.15	ϕ150 软式透水管	m	30			15 元/m
1.2	泄洪洞					
1.2.1	土方开挖	m^3	3384			$2m^3$ 挖掘机挖装土自卸汽车运输，运距 3km，自卸汽车 10t

续表

序号	项目名称	计量单位	工程数量	单价/元	合价/元	项目特征
1.2.2	土方回填	m^3	2839			机械夯实
1.2.3	石方明挖	m^3	4231			一般石方开挖：100型潜孔钻钻孔（孔深6～9m），岩石级别Ⅺ～Ⅻ
1.2.4	石方洞挖	m^3	1022			平洞石方开挖：二臂液压凿岩台车（开挖断面60m^2），岩石级别Ⅺ～Ⅻ，工作面长度500m
1.2.5	石渣运输（由洞内运往洞外）	m^3	1022			1m^3挖掘机装石渣汽车运输，洞内运距0.5km，洞外1km，自卸汽车5t
1.2.6	平面模板制作安拆	m^2	741			普通平面木模板
1.2.7	曲面模板制作安拆	m^2	173			普通曲面模板
1.2.8	C30混凝土闸底板	m^3	247.5			底板厚度100cm，C30 水泥强度42.5 3级配，搅拌机出料0.8m^3机动翻斗车运混凝土，运距500m
1.2.9	C25混凝土重力式挡土墙	m^3	891.2			墙厚30cm，C25 水泥强度42.5三级配，搅拌机出料0.8m^3，机动翻斗车运混凝土，运距500m
1.2.10	C25混凝土台阶	m^3	14.08			C25 水泥强度42.5 3级配，水灰比0.55，搅拌机出料0.8m^3，机动翻斗车运混凝土，运距500m
1.2.11	C30二期混凝土	m^3	1.33			闸门槽二期，C30 水泥强度42.5 3级配，搅拌机出料0.8m^3机动翻斗车运混凝土，运距500m
1.2.12	C15无砂混凝土垫层	m^3	12.46			C15 水泥强度32.5 3级配
1.2.13	钢筋制安	t	28.421			
1.2.14	M10浆砌块石曲面护坡	m^3	100.54			
1.2.15	M7.5浆砌块石护底	m^3	156.6			
1.2.16	碎石垫层	m^3	46.06			
1.2.17	不锈钢栏杆高1.2m	m	66.16			200元/m
1.2.18	ϕ150软式透水管	m	14			15元/m
1.2.19	土工布铺设	m^2	1412.92			平铺
1.2.20	砌体拆除	m^3	140			砌体拆除，水泥浆砌石

续表

序号	项目名称	计量单位	工程数量	单价/元	合价/元	项目特征
1.2.21	弃渣运输	m^3	140			$1m^3$ 挖掘机装自卸汽车 5t，运输运距 1km
1.2.22	标识牌	个	1			200 元/个
1.2.23	C25 混凝土路面（18cm 厚）	m^3	5003			水泥混凝土，C25 3 级配 42.5 水泥，水灰比 0.55
1.2.24	碎石基础（20cm 厚）	m^3	5003			公路基础：碎石，压实厚度 20cm
2	机电设备安装工程					
2.1	平板焊接钢闸门	t	15			15000 元/t
2.2	门式起重机设备自重 75t	台	1			200000 元/台
3	金属结构设备安装工程					
3.1	工程管理设施					
3.1.1	观测设施					
3.1.1.1	经纬仪 J16″级	台	1			14300 元/台
3.1.1.2	水准仪	台	1			4300 元/台
3.1.1.3	测杆、侧尺	套	1			1200 元/套
3.1.2	办公设施					
3.1.2.1	电脑	台	6			5000 元/台
3.1.2.2	复印机	台	2			4000 元/台
3.1.2.3	办公桌椅	套	10			1000 元/套
4	施工临时工程					
4.1	围堰工程					
4.1.1	围堰填筑	m^3	1			袋装土石围堰（填筑）编织袋黏土
4.1.2	围堰拆除	m^3	1			袋装土石围堰（拆除）编织袋黏土
4.2	施工交通工程					
4.2.1	场外施工便道（简易道路）	km	1.53			简易公路 岩石
4.3	施工房屋建筑工程					
4.3.1	施工仓库	m^2	100			200 元/m^2
4.3.2	办公、生活及文化福利建筑	%	1.5			
4.4	其他临时工程	%	0.8			
合计						

措施项目清单计价表

工程名称：

序号	项目名称	金额/元	备注
1	临时工程	1401520.00	总价承包
1.3	施工供电系统	1109520.00	总价承包
1.4	施工供水系统	151000.00	总价承包
1.5	施工通信系统	35000.00	总价承包
1.6	混凝土系统	106000.00	总价承包
2	施工期环境保护	37010.00	总价承包
3	安全与文明施工措施费	50000.00	总价承包
4	质量、进度、安全、文明措施费		不低于分类分项工程量清单报价与措施项目费用中临时工程报价之和的2%，其中0.9%用于激励考核，发包人控制使用
5	施工期安全监测	18500.00	总价承包
	合计		

其他项目清单计价表

工程名称：

序号	项目名称	金额/元	备注
1	暂列金		取分类分项工程项目和措施项目合价的 5%
	合计		

计日工项目报价表

合同编号：（投标项目合同号）

工程名称：　　　（项目名称）　　　（标段名称）

序号	名称	型号规格	计量单位	单价/元	备注
1	人工				
2	材料				
3	机械				

工程单价汇总表

合同编号：(投标项目合同号)

工程名称：　　(项目名称)　　(标段名称)

序号	项目名称	计量单位	人工费	材料费	机械使用费	其他直接费	间接费	利润	材料补差	税金	合计

工程单价费（税）率汇总表

合同编号：(投标项目合同号)

工程名称：　　(项目名称)　　(标段名称)

序号	工程类别	工程单价费（税）率/%				备注
		其他直接费	间接费	利润	税金	
一	建筑工程					
二	安装工程					

投标人生产电、风、水、砂石基础单价汇总表

合同编号：（投标项目合同号）

工程名称：　　（项目名称）　　（标段名称）

序号	名称	型号规格	计量单位	人工费	材料费	机械使用费				合计	备注

投标人生产混凝土配合比材料费表

合同编号：（投标项目合同号）

工程名称：（项目名称）（标段名称）

序号	工程部位	混凝土强度等级	水泥强度等级	级配	水灰比	预算材料量/(kg/m^3)						单价/(元/m^3)	备注
						水泥	砂	石					

投标人自行采购主要材料预算价格汇总表

合同编号：（投标项目合同号）

工程名称：　　　（项目名称）　　　（标段名称）

序号	材料名称	型号规格	计量单位	预算价格/元	备注

投标人自备施工机械台时（班）费汇总表

合同编号：（投标项目合同号）

工程名称：（项目名称）（标段名称）

单位：元/台时（班）

序号	机械名称	型号规格	一类费用				二类费用							合计
			折旧费	维修费	安拆费	小计	人工	柴油	电				小计	

工程单价计算表

工程名称：

单价编号： 定额单位：

施工方法：						
序号	名称	型号规格	计量单位	数量	单价/元	合价/元
1	直接费					
(1)	基本直接费					
1.1	人工费					
1.2	材料费					
1.3	机械使用费					
(2)	其他直接费					
2	间接费					
3	利润					
4	材料补差					
5	未计价材料费					
6	税金					
	合计					

人 工 费 单 价 汇 总 表

合同编号：（投标项目合同号）

工程名称：（项目名称）（标段名称）

序号	工种	单位	单价/元	备注

××××工程

投 标 文 件

第一册　商务文件

目　　录

第一册　商务文件
一、投标函及投标附函（略）
1 投标函
2 投标函附函
二、授权委托书（略）
三、联合体协议（略）
四、投标保证金（略）
五、已标价工程量清单
1 工程量清单及投标报价说明
2 投标总价
3 工程项目总价表
4 分组工程量清单报价表
5 计日工项目计价表
6 工程单价汇总表
7 工程单价费（税）率汇总表
8 投标人生产电、风、水、砂石基础单价汇总表
8.1 施工用电单价计算书
8.2 施工用水单价计算书
8.3 施工用风单价计算书
9 投标人生产混凝土配合比材料费表
10 投标人自行采购主要材料预算价格汇总表
11 投标人自备施工机械台时（班）费汇总表
12 工程单价计算表
13 人工费单价汇总表

1 工程量清单说明及投标报价说明

1. 工程量清单说明

1.1 工程量清单应与招标文件中的投标人须知、通知合同条款、专用合同条款、技术标准和要求（合同技术条款）、图纸等一起阅读和理解。

1.2 本工程量清单仅是投标报价的共同基础，除另有约定外，工程量清单中的工程量是根据招标设计图纸计算的用于投标报价的估算工程量，不作为最终结算工程量。最终结算工程量是承包人实际完成并符合技术标准和要求（合同技术条款）规定，按施工图纸计算的有效工程量。

1.3 工程量清单中各项目的工作内容和要求应符合技术标准和要求（合同技术条款）的规定。

1.4 工程价款的支付遵循合同条款的约定。

1.5 本清单所有项目的计量与支付规则除满足本技术条款“计量与支付”外，同时满足《水利工程工程量清单计价规范》(GB 50501—2007)，两者不一致时，以本技术条款规定为准。

2. 投标报价说明

2.1 工程量清单报价表组成

工程量清单报价表由以下表格组成：

(1) 投标总价。

(2) 工程项目总价表。

(3) 分类分项工程量清单报价表。

(4) 计日工项目报价表。

(5) 工程单价汇总表。

(6) 工程单价费（税）率汇总表。

(7) 投标人生产电、风、水、砂石基础单价汇总表。

(8) 投标人生产混凝土配合比材料费表。

(9) 投标人自行采购主要材料预算价格汇总表。

(10) 投标人自备施工机械台时（班）费汇总表。

(11) 工程单价计算表。

(12) 人工费单价汇总表。

2.2 工程量清单填写规定

(1) 除招标文件另有规定外，投标人不得随意增加、删除或涂改招标文件工程量清单中的任何内容。符合合同规定的全部费用和利润都应包括在工程量清单所列的各项目中，合同规定应有承包人承担而在工程量清单中未详细列出的项目，其费用和利润应认为已包括在其他有关项目的单价和合价中。工程量清单中凡未估列工程量、其单位为“项”的项目，由投标人依据本合同文件要求，并根据现场可利用条件和投标人的施工方案等，自行确定工程量和合价，此类项目的工程量及合价，在实施过程中一般不予调整，实行总价承包。

(2) 工程量清单中的工程单价是完成工程量清单中一个质量合格的规定计量单位项目所需的直接工程费、间接费、企业利润和税金，并考虑风险因素。投标人应根据规定的工程单价组成内容确定工程单价。除另有规定外，对有效工程量之外的超挖、超填工程量，施工附加量，加工、运输损耗量等，所消耗的人工、材料和机械费用，均应摊入相应有效工程量的工程单价内。

(3) 投标金额（价格）均应为人民币表示。

(4) 投标总价应按工程项目工程量清单表合计金额填写。

(5) 工程项目总价表中组号和工程项目名称按招标文件工程量清单相应内容填写，并按分组工程量清单报价表中相应项目合计金额填写。暂列金额按招标文件工程项目总价表中的相应内容填写。

(6) 分组工程量清单报价表中的序号、人工、材料、机械的名称、型号规格以及计量单位，由投标人按需要自行确定，并填写相应项目单价。

(7) 计日工项目报价表的序号、人工、材料、机械的名称、型号规格以及计量单位，由投标人按需要自行确定，并填写相应项目单价。

(8) 辅助表格填写：

1) 工程单价汇总表，按工程单价计算表中的相应内容、价格（费率）填写。

2) 工程单价费（税）率汇总表，按工程单价计算表中的相应内容、费（税）率填写。

3) 投标人生产电、风、水、砂石基础单价汇总表，按基础单价分析计算成果的相应内容、价格填写，并附相应基础单价的分析计算书。

4) 投标人生产混凝土配合比材料费表，按表中工程部分、混凝土强度等级（附抗渗、抗冻等级）、水泥强度、级配、水灰比、相应材料用量和单价填写，填写的单价必须与工程单价计算表中相应的混凝土材料单价一致。

5) 投标人自行采购主要材料预算价格汇总表，按表中的序号、材料名称、型号规格、计量单位和填写的预算价格，填写的预算价格必须与工程计算表中相应的材料预算价格一致。

6) 投标人自备机械台时（班）费汇总表，按表中的序号、机械名称、型号规格、一类费用和二类费用填写，填写的台时（班）费合计金额必须与工程单价计算表中相应的施工机械台时（班）费单价一致。

7) 工程单价计算表，按表中的施工方法、序号、名称、型号规格、计量单位、数量、单价、合价填写。

8) 投标金额大于或等于投标总标价万分之五的工程项目，必须编报工程单价计算表。工程单价计算表，按表中的施工方法、序号、名称、型号规格、计量单位、数量、单价、合价填写，填写的人工、材料和机械等基础价格，必须与人工费价汇总表、基础材料单价汇总表、主要材料预算价格汇总表及施工机械台时（班）费汇总表中的单价一致。

9) 人工费单价汇总表应按人工费单价计算表的内容、价格填写，并附相应的人工费单价计算表。

2.2 实训目标

（1）掌握投标文件的组成。
（2）掌握水利工程工程量清单计价的编制要求。
（3）掌握工程量清单报价表填写规定。
（4）掌握利用水利工程造价管理软件编制投标文件。
（5）导出投标文件。

2.3 任务分组

按照表 2.1 填写任务分组名单。

表 2.1 **学生任务分组表**

班级		组号		指导老师	
组长		学号			
组员					
任务分工					

2.4 引导问题

引导问题 1：试简述投标文件编制依据。

引导问题 2：试简述投标文件的组成。

引导问题 3：试简述水利工程工程量清单计价编制要求。

引导问题 4：试简述水利工程工程量清单报价表组成。

引导问题 5：试简述工程量清单报价表填写规定。

引导问题 6：试简述投标策略。

2.5　工作计划

按照提供的招标文件，编制工程投标文件。

2.6　进度决策

由教师带领学生对水利枢纽工程进行任务分解、策划，为任务的实施做好准备。

2.7　工作实施

【步骤 1】 新建投标工程文件。

（1）在软件主界面，点击软件快捷工具中“新建”按钮。

（2）进入新建项目对话框，输入“项目名称”（图 2.1）。

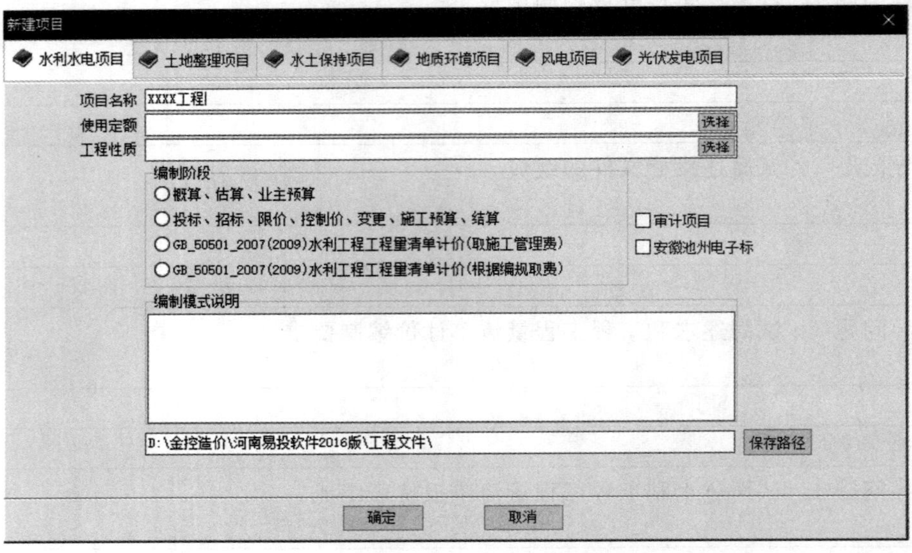

图 2.1

(3) 点击“使用定额”框后的“选择”按钮，在弹出的“选择定额”对话框中选择工程项目要使用的定额标准，本任务选择“2014 编规全国 2002 水利预算定额”(图 2.2)。

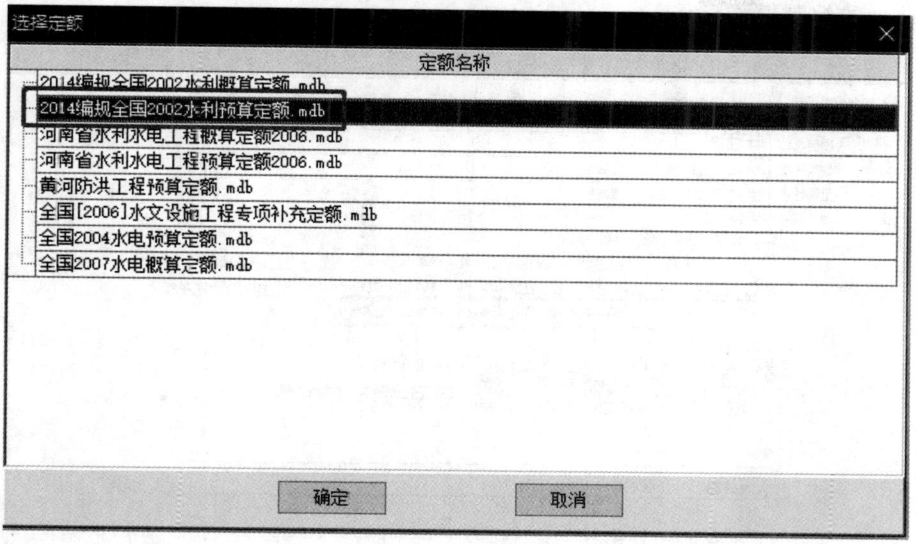

图 2.2

(4) 点击“工程性质”框后的“选择”按钮，在弹出的选择工程性质对话框中选择工程项目的工程性质。根据招标文件中的工程性质，选择“办财务函〔2019〕448 号”中的“枢纽工程－2014 编规-增值税 9%”(图 2.3)。

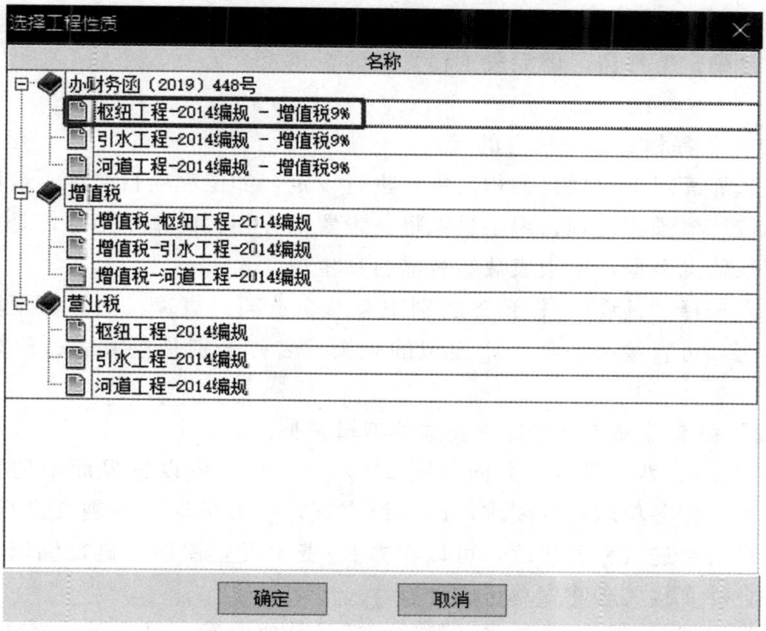

图 2.3

(5) 选择“编制阶段”。选择“GB 50501—2007（2009）水利工程工程量清单计价（根据编规取费）”（图 2.4）。编制模式说明是对所选编制模式的具体说明，便于用户理解所选择的编制模式。

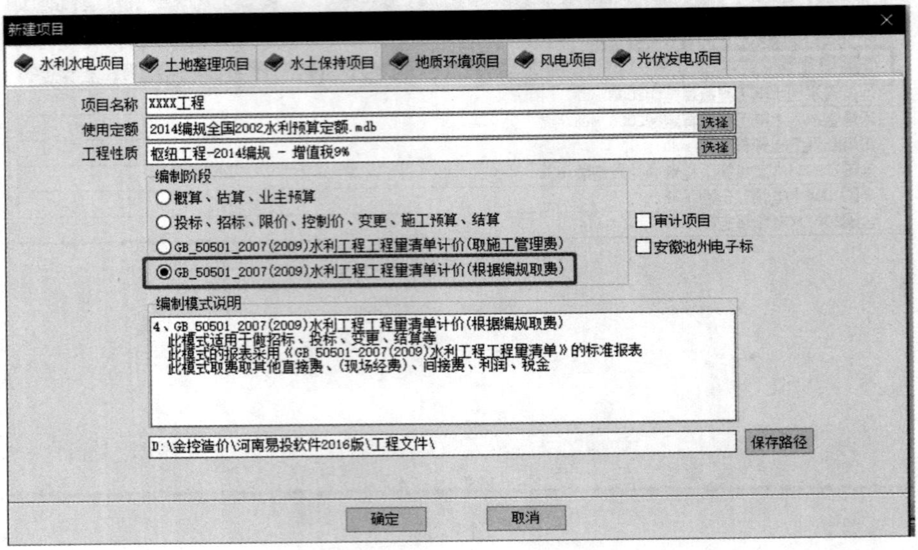

图 2.4

(6)“保存路径”栏显示所做工程的储存位置，系统默认新建的工程文件保存在软件安装根目录下的“工程文件”文件夹中，如果想保存到其他路径，可点击“保存路径”按钮，自行选择要保存的位置。

(7) 点击“确定”按钮，即完成工程文件的新建。

【步骤 2】 基本参数设置。

[**步骤 2.1**] 工程相关基本信息的录入。

在基本信息界面对工程项目的相关信息进行设定，如工程项目名称、合同编号、标段名称、建设单位、概预算类别、编制日期等。设置工程相关的基本信息，是为了投标文件报表能自动调取信息数据，使报表数据智能自动生成。

概预算类别选择“预算”。概预算类别中有 5 个选项：概算、估算、预算、结算、决算。设置的类别，可直接关联整个报表组的表头，名称分别是概算表、预算表或者估算表等。

[**步骤 2.2**] 费率设置及取费计算公式的编辑调整。

点击软件“参数/费率设置”界面（图 2.5），参数/费率设置界面中的各项取费，根据编制规定中对工程各项取费的要求，已经设定好，一般情况下不需要进行任何的修改。若当前造价文件需要进行相关修改，可以在参数/费率设置窗口中进行编辑、修改。修改完成后，软件自动直接关联建安单价的计算。

工资区分类根据项目所在地选择一般地区还是其他地区，项目所在地选择西南区、中南区、华南区不计冬雨季或其他地区。工资区分类及项目所在地的不同，会影响本工程人工单价及其他直接费数值的大小。根据本项目实际所在地，工资区分类为一类地区，项目所在地为西南区、中南区、华东区不计冬雨季。

估算扩大系数：若编制估算文件，需要在估算扩大系数中，选择“取［是估算］”。本工程为投标造价文件，不需要计取估算扩大系数。

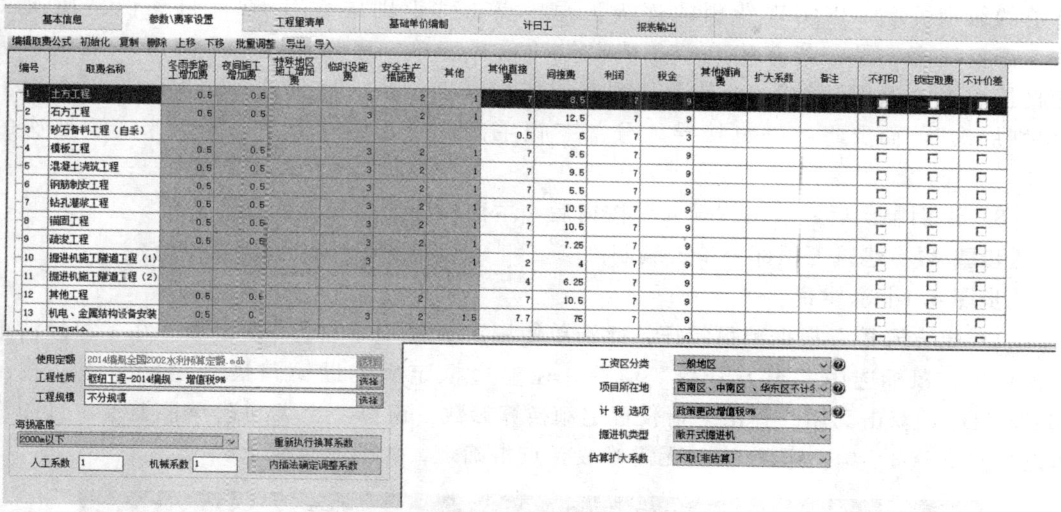

图 2.5

【步骤 3】 清单导入。

（1）点击软件“工程量清单”界面，鼠标选中左边框“分组定位”辅助窗口中的“一分类分项工程”，右边主窗口中显示分类分项工程清单（图 2.6）。

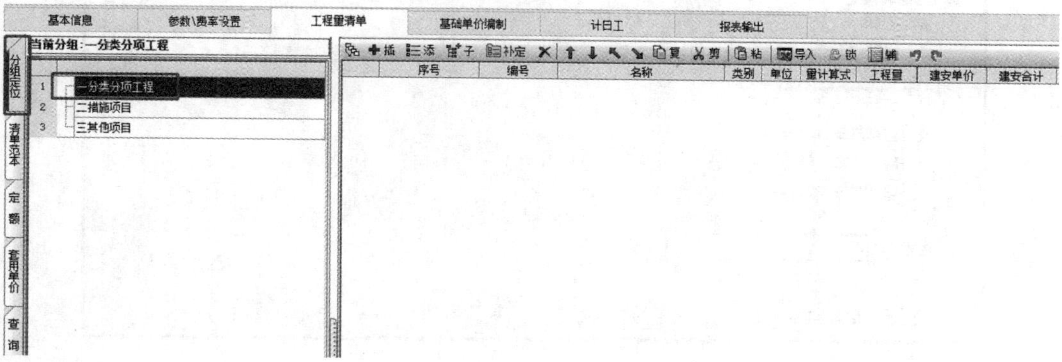

图 2.6

（2）打开 Word 文档，选中工程量清单的全部内容（包含建筑工程、机电设备安装工程、金属结构设备安装工程以及施工临时工程），鼠标右键选择复制。

（3）在工程量清单界面快捷工具点击“导入”按钮，进入“从 Excel 导入”对话框。

（4）在“从 Excel 导入”对话框空白处右键，点击粘贴，将 Word 文件中的工程量清单数据粘贴进来。

(5) 点击“清除空行”，将多余的空行自动删除掉。

(6) 将不需要的数据行前面勾选去掉，然后点击“清除未勾选行”，将不需要的数据行清除掉。

(7) 识别层次。清单中一般都会提供序号类型，软件可以根据序号类型，自动识别清单的级别关系，以实现费用的逐级汇总。点击“识别层次”，软件自动识别层次关系。需要注意的是，若有些电子文档提供的项目清单，序号类型不全或者不规则，不能直接点击“识别层次”，会使项目顺序或层次级别错乱。遇到这种情况，先不要点击“识别层次”，而要将数据直接导入分部工程主窗口中，通过升级、降级来实现层次的划分。

(8) 识别层次后，点击“导入”按钮后，主窗口中显示导入的全部清单。

【步骤4】 建筑工程部分单价编制。

[**步骤4.1**] 溢洪道。

(1) 土方开挖。根据项目特征，此清单使用定额编号为10373的定额。在工程量清单主窗口中，鼠标选中“土方开挖”清单，在左边框定额辅助窗口展开定额节点，找到10373定额，双击套用。弹出“请设置定额换算参数”窗口，土类别选择Ⅲ类土，自卸汽车选择自卸汽车10t，运距3km无需修改，点击确定，如图2.7所示。

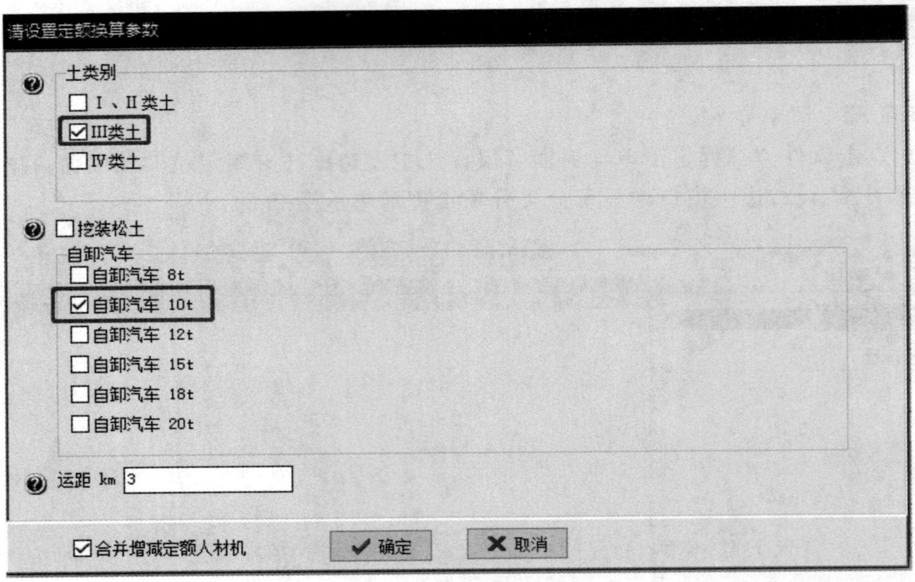

图2.7

(2) 土方回填。根据项目特征，此清单使用定额编号为10465的定额。在工程量清单主窗口中，鼠标选中“土方回填”清单，在左边框定额辅助窗口展开定额节点，找到10465定额，双击套用。

(3) 平面模板制作安拆。根据项目特征，此清单使用定额编号为50005的定额。在工程量清单主窗口中，鼠标选中“平面模板制作安拆”清单，在左边框定额辅助窗口展开定额节点，找到 50005 定额，双击套用。再找到 50006 定额，双击套月。

（4）曲面模板制作安拆。根据项目特征，此清单使用定额编号为 50005 的定额。在工程量清单主窗口中，鼠标选中“曲面模板制作安拆”清单，在左边框定额辅助窗口展开定额节点，找到 50005 定额，双击套用。再找到 50006 这项定额，双击套用。

（5）C15 无砂混凝土垫层。根据项目特征，此清单使用定额编号为 40306 的定额。在工程量清单主窗口中，鼠标选中“C15 无砂混凝土垫层”清单，在左边框定额辅助窗口展开定额节点，找到 40306 定额，双击套用。弹出“选择混凝土及砂浆”窗口，点击定额混凝土-纯混凝土- C15，双击编号 H0406 的 C15　水泥强度 32.5　3 级配　水灰比 0.65，并且勾选卵石换碎石、粗砂换中砂，点击确定，如图 2.8 所示。

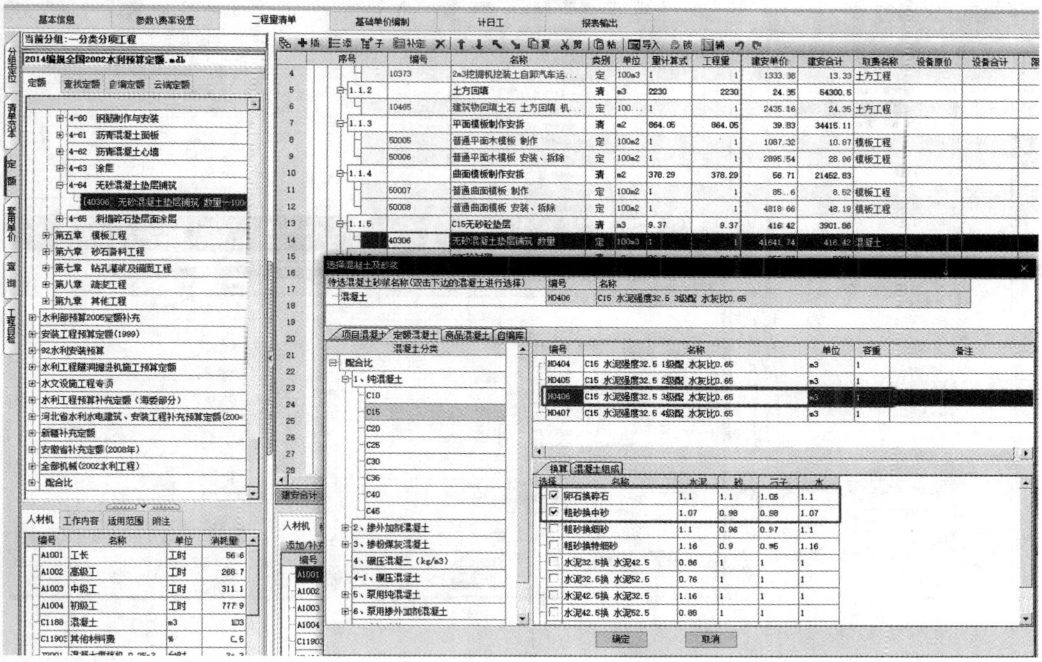

图 2.8

（6）C25 混凝土衬砌。根据项目特征，此清单使用定额编号为 40062 的定额。在工程量清单主窗口中，鼠标选中“C25 混凝土衬砌”清单，在左边框定额辅助窗口展开定额节点，找到 40062 定额，双击套用。弹出“请设置定额换算参数”窗口，衬砌厚度为 25cm，无需修改，点击确定。弹出“选择混凝土及砂浆”窗口，点击定额混凝土-纯混凝土-C25，双击编号 H0422 的 C25　水泥强度 42.5　3 级配　水灰比 0.55，并且勾选卵石换碎石、粗砂换中砂，点击确定。弹出“定额中间单价或定额选择”窗口，点击混凝土拌制，在下方“拌制运输定额”窗口中，双击选择搅拌机拌制混凝土　搅拌机出料 0.8m^3，点击混凝土水平运输，在下方“拌制运输定额”窗口，双击选择机动翻斗车运混凝土　运距 500m，点击确定，如图 2.9 所示。弹出“请设置定额换算参数”窗口，运距 500m，无需更改，点击确定。

(7) C25 混凝土重力式挡土墙。根据项目特征，此清单使用定额编号为 40069 的定额。在工程量清单主窗口中，鼠标选中“C25 混凝土重力式挡土墙”清单，在左边框定额辅助窗口展开定额节点，找到 40069 定额，双击套用。弹出“请设置定额换算参数”窗口，墙厚度为 30cm，无需修改，点击确定。弹出“选择混凝土及砂浆”窗口，因为 C25 混凝土重力式挡土墙中所用 C25 混凝土级配要求和混凝土衬砌的级配要求相同，可以直接在项目混凝土中双击选择 C25　水泥强度 42.5　3 级配　水灰比 0.55，拌制运输使用定额也相同，可直接点击确定，如图 2.10 所示。弹出“请设置定额换算参数”窗口，运距 500m，无需更改，点击确定。

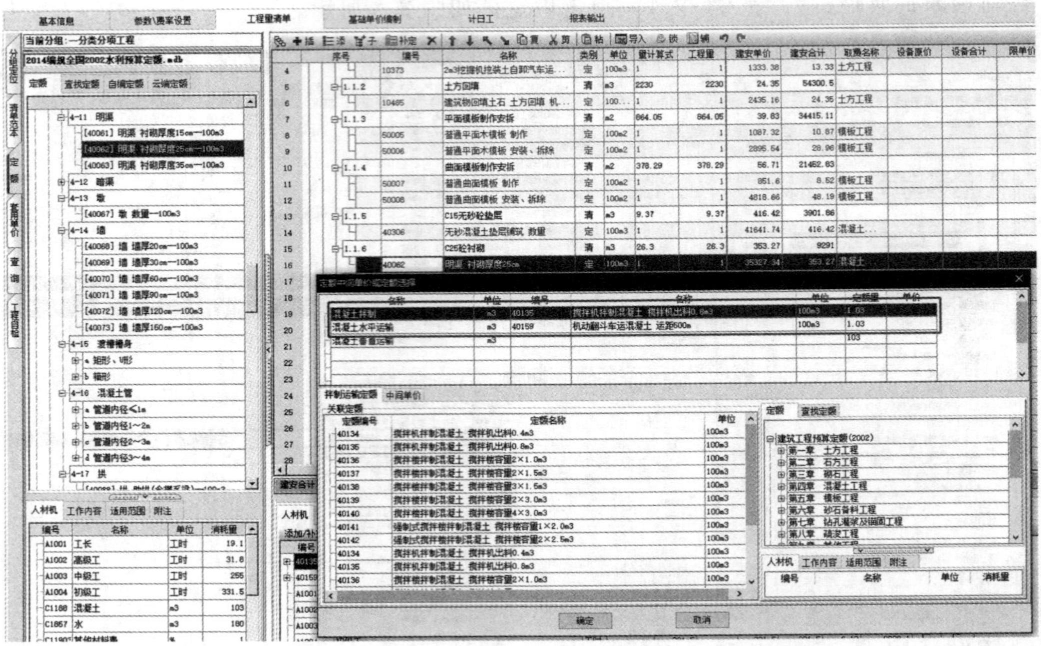

图 2.9

(8) C30 混凝土闸底板。根据项目特征，此清单使用定额编号为 40058 的定额。在工程量清单主窗口中，鼠标选中“C30 混凝土闸底板”清单，在左边框定额辅助窗口展开定额节点，找到 40058 定额，双击套用。弹出“请设置定额换算参数”窗口，底板厚度为 100cm，无需修改，点击确定。弹出“选择混凝土及砂浆”窗口，点击定额混凝土-纯混凝土- C30，双击编号 H0430 的 C30　水泥强度 42.5　3 级配　水灰比 0.55，并且勾选卵石换碎石、粗砂换中砂，点击确定。弹出“定额中间单价或定额选择”窗口，点击混凝土拌制，在下方“拌制运输定额”窗口中，双击选择搅拌机拌制混凝土　搅拌机出料 0.8m^3，点击混凝土水平运输，在下方“拌制运输定额”窗口，双击选择机动翻斗车运混凝土　运距 500m，点击确定。弹出“请设置定额换算参数”窗口，运距 500m，无需更改，点击确定。

(9) C30 二期混凝土。根据项目特征，此清单使用定额编号为 40098 的定额。在工程量清单主窗口中，鼠标选中“C30 二期混凝土”清单，在左边框定额辅助窗口展开定额节

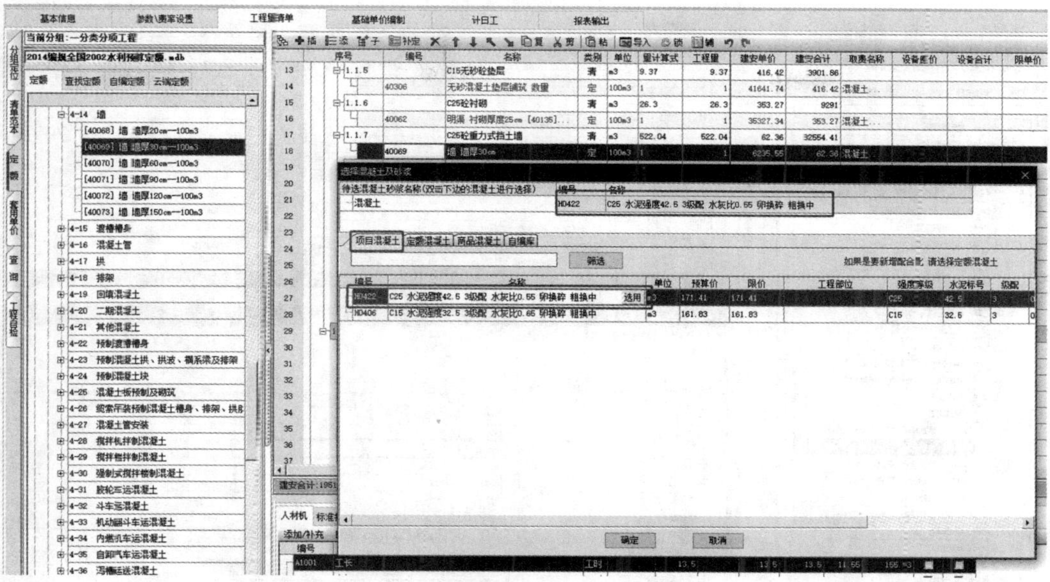

图 2.10

点，找到 40098 定额，双击套用。弹出“选择混凝土及砂浆”窗口，因为 C30 二期混凝土中所用 C30 混凝土级配要求和 C30 混凝土闸底板的级配要求相同，可以直接在项目混凝土中双击选择 C30 水泥强度 42.5 3 级配 水灰比 0.55，拌制运输使用定额也相同，可直接点击确定。弹出“请设置定额换算参数”窗口，运距 500m，无需更改，点击确定。

(10) 钢筋制安。根据项目特征，此清单使用定额编号为 40289 的定额。在工程量清单主窗口中，鼠标选中“钢筋制安”清单，在左边框定额辅助窗口展开定额节点，找到 40289 定额，双击套用。

(11) M10 浆砌石扭曲面。根据项目特征，此清单使用定额编号为 30018 的定额。在工程量清单主窗口中，鼠标选中“M10 浆砌石扭曲面”清单，在左边框定额辅助窗口展开定额节点，找到 30018 定额，双击套用。弹出“选择混凝土及砂浆”窗口，点击 7、水泥砂浆-砌筑砂浆-砂浆 M10，双击编号 H0802 的砂浆 M10，并且去掉勾选卵石换碎石、粗砂换中砂，点击确定，如图 2.11 所示。

(12) 碎石垫层。根据项目特征，此清单使用定额编号为 30001 的定额。在工程量清单主窗口中，鼠标选中“碎石垫层”清单，在左边框定额辅助窗口展开定额节点，找到 30001 定额，双击套用。

(13) 土工布铺设。根据项目特征，此清单使用定额编号为 90190 的定额。在工程量清单主窗口中，鼠标选中“土工布铺设”清单，在左边框定额辅助窗口展开定额节点，找到 90190 定额，双击套用。

(14) 不锈钢栏杆高 1.2m。根据项目特征，此清单单价为 200 元/m。选中不锈钢栏杆高 1.2m，在建安单价中，直接输入“200”(图 2.12)。

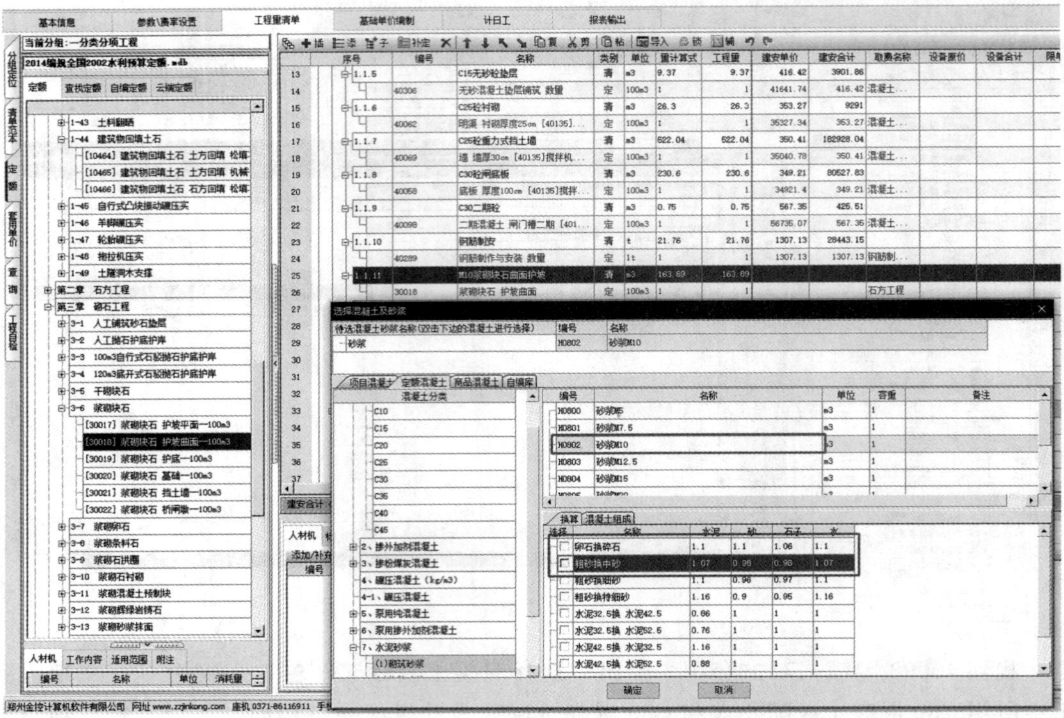

图 2.11

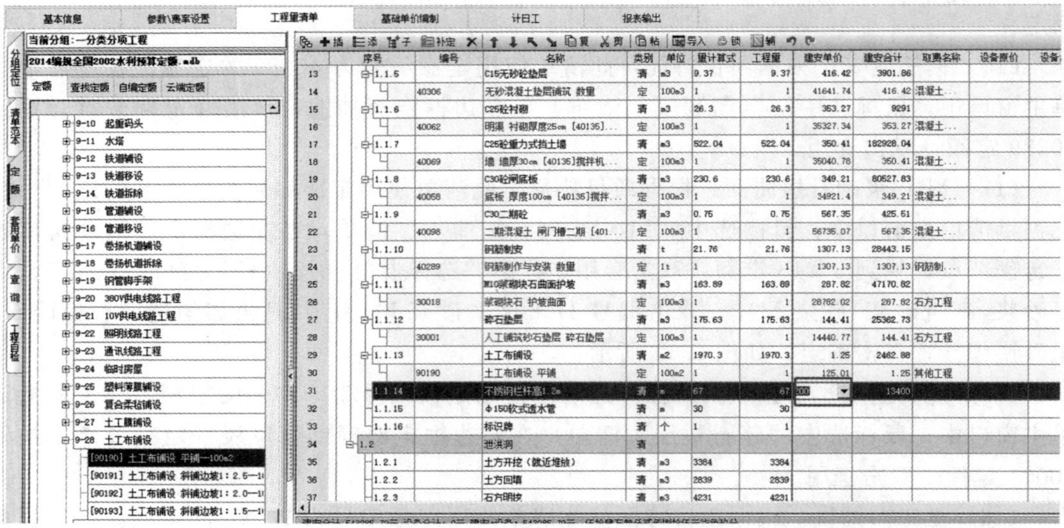

图 2.12

(15) ϕ150 软式透水管。根据项目特征，此清单单价为 15 元/m。选中 ϕ150 软式透水管，在建安单价中，直接输入“15”。

［步骤 4.2］泄洪洞。

（1）土方开挖、土方回填、平面模板制作安拆、曲面模板制作安拆等清单。

泄洪洞中的部分清单，例如像土方开挖、土方回填、平面模板制作安拆、曲面模板制作安拆、C30 混凝土闸底板等，清单名称和单位相同，工程量不同。不用再重新套定额组单价，可点击左边框套用单价窗口，在空白地方右键，批量自动套用单价。显示红色字体的清单，建安单价已经有价格，无需另外再套定额组价，如图 2.13 所示。

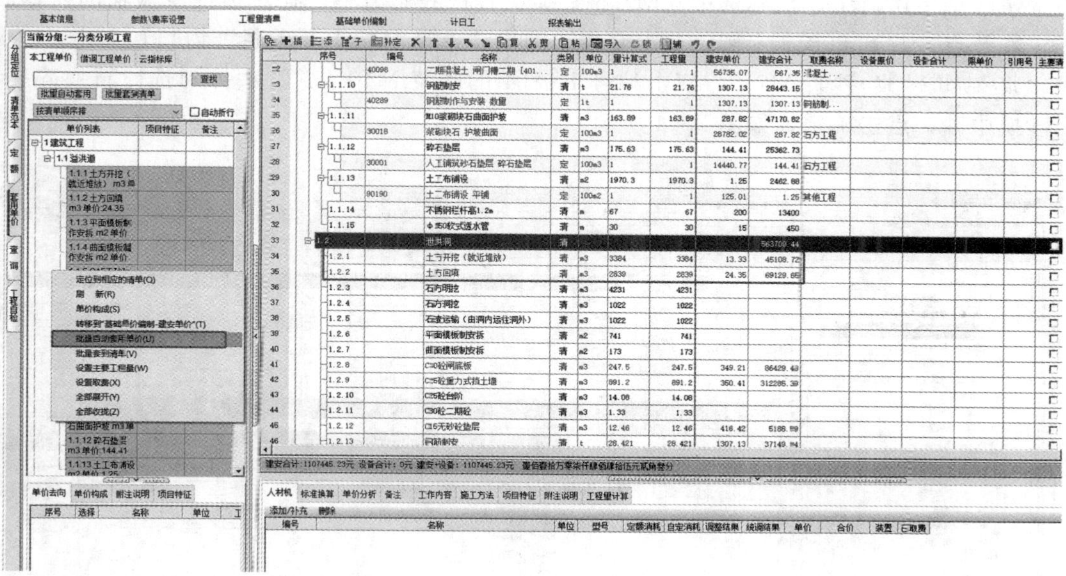

图 2.13

（2）石方明挖。根据项目特征，此清单使用定额编号为 20023 的定额。在工程量清单主窗口中，鼠标选中“石方明挖”清单，在左边框定额辅助窗口展开定额节点，找到 20023 定额，双击套用。

（3）石方洞挖。根据项目特征，此清单使用定额编号为 20187 的定额。在工程量清单主窗口中，鼠标选中“石方洞挖”清单，在左边框定额辅助窗口，展开定额节点，找到 20187 定额，双击套用。弹出“请设置定额换算参数”窗口，轴流通风机长度选择 500m，点击确定。

（4）石渣运输（由洞内运往洞外）。根据项目特征，此清单使用定额编号为 20423 的定额。在工程量清单主窗口中，鼠标选“石渣运输（由洞内运往洞外）”清单，在左边框定额辅助窗口展开定额节点，找到 20423 定额，双击套用。弹出“请设置定额换算参数”窗口，自卸汽车选择 5t，运距 0.5km 无需更改，点击确定。再找到定额编号为 20422 的定额，双击套用，弹出“请设置定额换算参数”窗口，自卸汽车选择 5t，点击确定。

（5）C25 混凝土台阶。根据项目特征，此清单使用定额编号为 40101 的定额。在工程量清单主窗口中，鼠标选中“C25 混凝土台阶”清单，在左边框定额辅助窗口展开定额节点，找到 40101 定额，双击套用。弹出“选择混凝土及砂浆”窗口，因为 C25 混凝土台阶中所用 C25 混凝土级配要求和 C25 混凝土衬砌的级配要求相同，可以直接在项目混凝土中双击选择 C25　水泥强度 42.5　3 级配　水灰比 0.55，拌制运输使用定额也相同，可直接点击确定。弹出“请设置定额换算参数”窗口，运距 500m，无需更改，点击确定。

（6）M7.5 浆砌块石护底。根据项目特征，此清单使用定额编号为 30019 的定额。在工程量清单主窗口中，鼠标选中“M7.5 浆砌块石护底”清单，在左边框定额辅助窗口展开定额节点，找到 30019 定额，双击套用。弹出“选择混凝土及砂浆”窗口，点击 7、水泥砂浆-砌筑砂浆-砂浆 M7.5，双击编号 H0801 的砂浆 M10，并且去掉勾选卵石换碎石、粗砂换中砂，点击确定，如图 2.14 所示。

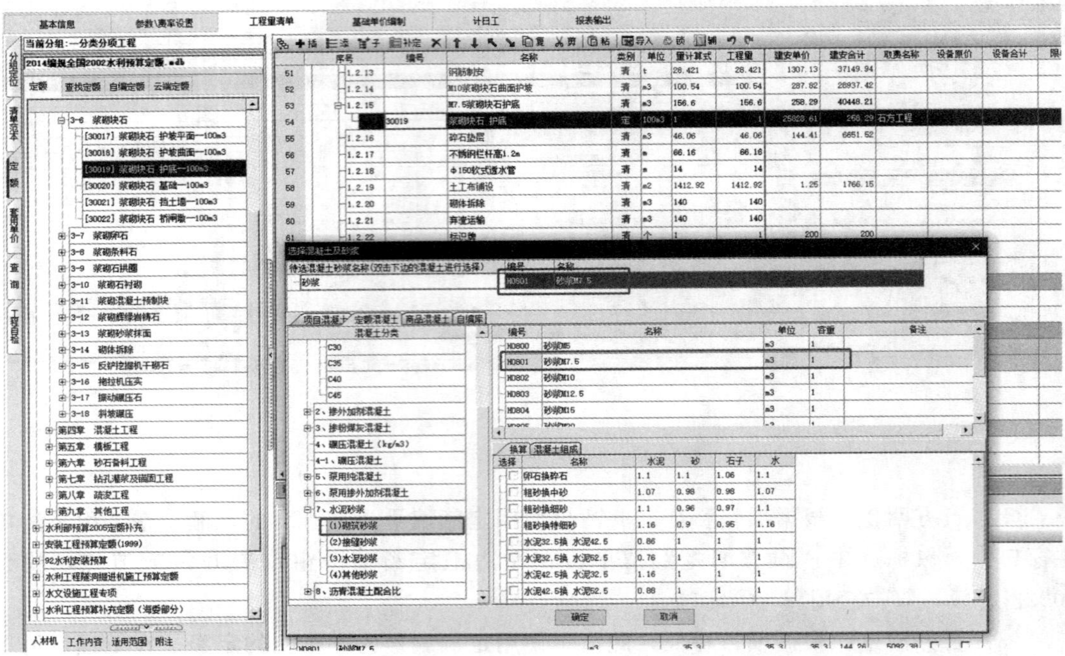

图 2.14

（7）砌体拆除。根据项目特征，此清单使用定额编号为 30052 的定额。在工程量清单主窗口中，鼠标选中“砌体拆除”清单，在左边框定额辅助窗口展开定额节点，找到 30052 定额，双击套用。

（8）弃渣运输。根据项目特征，此清单使用定额编号为 20417 的定额。在工程量清单主窗口中，鼠标选中“弃渣运输”清单，在左边框定额辅助窗口展开定额节点，找到 20417 定额，双击套用。弹出“请设置定额换算参数”窗口，自卸汽车选择 5t，运距 1km 无需修改，点击确定。

（9）C25 混凝土路面（18cm 厚）。根据项目特征，此清单使用定额编号为 90020 的定额。在工程量清单主窗口中，鼠标选中“C25 混凝土路面（18cm 厚）”清单，在左边框定额辅助窗口展开定额节点，找到 90020 定额，双击套用。弹出“请设置定额换算参数”窗口，将厚度修改 18cm。弹出“选择混凝土及砂浆”窗口，因为 C25 混凝土台阶中所用 C25 混凝土级配要求和 C25 混凝土衬砌的级配要求相同，可以直接在项目混凝土中，双击选择 C25 水泥强度 42.5 3 级配 水灰比 0.55，点击确定。

(10) 碎石基础（20cm 厚）。根据项目特征，此清单使用定额编号为 90015 的定额。在工程量清单主窗口中，鼠标选中“碎石基础（20cm 厚）”清单，在左边框定额辅助窗口展开定额节点，找到 90015 定额，双击套用。弹出“请设置定额换算参数”窗口，将厚度修改 20cm，点击确定。

【步骤 5】 机电、金属设备及安装工程部分单价编制。

机电、金属结构设备及安装工程单价，在工程量清单界面中，显示在建安单价这一列。即建筑工程部分的建安单价可以理解为建筑单价，机电、金属结构设备及安装工程的建安单价可以理解为安装单价。

[**步骤 5.1**] 机电设备及安装工程单价编制。

(1) 平板焊接钢闸门。根据项目特征，此清单使用定额编号为 A12002 的定额。在工程量清单主窗口中，鼠标选中“平板焊接钢闸门”清单，在左边框定额辅助窗口展开定额节点，找到 A12002 定额，双击套用。弹出“请设置定额换算参数”窗口，门式起重机选择门座式起重机 MQ540/30 型，每扇闸门自重改为 15t，点击确定，如图 2.15 所示。找到设备原价这一列，输入设备单价 15000。

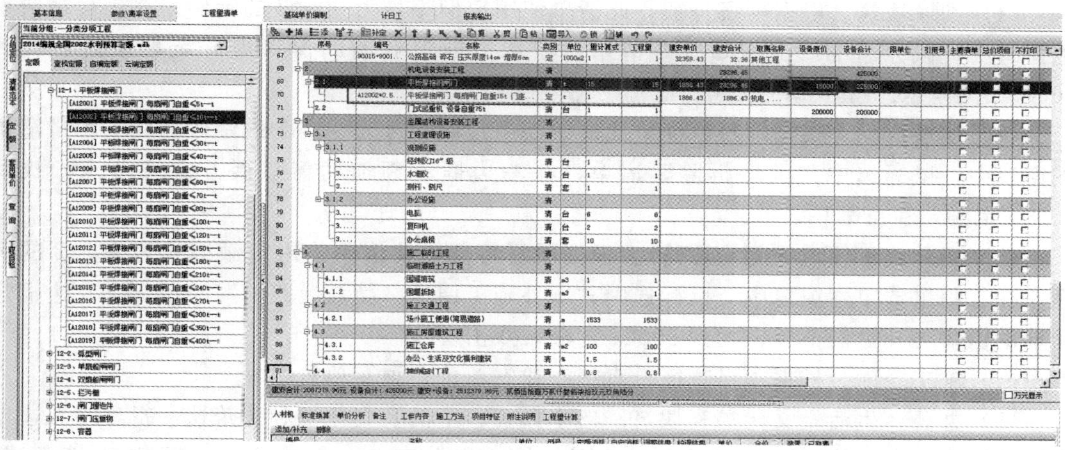

图 2.15

(2) 门式起重机，设备自重 75t。根据项目特征，此清单使用定额编号为 A11025 的定额。在工程量清单主窗口中，鼠标选中“门式起重机”清单，在左边框定额辅助窗口展开定额节点，找到 A11025 定额，双击套用。弹出“请设置定额换算参数”窗口，设备自重为 75t 无需修改，点击确定。找到设备原价这一列，输入设备单价 200000。

[**步骤 5.2**] 金属结构设备及安装工程单价编制。

（1）观测设施。观测设施的清单，只有设备费，无需计取安装费。只需在各自清单中，找到设备原价这一列，输入设备单价即可。

（2）办公设施。办公设施的清单，只有设备费，无需计取安装费。只需在各自清单中，找到设备原价这一列，输入设备单价即可。具体操作如图 2.16 所示。

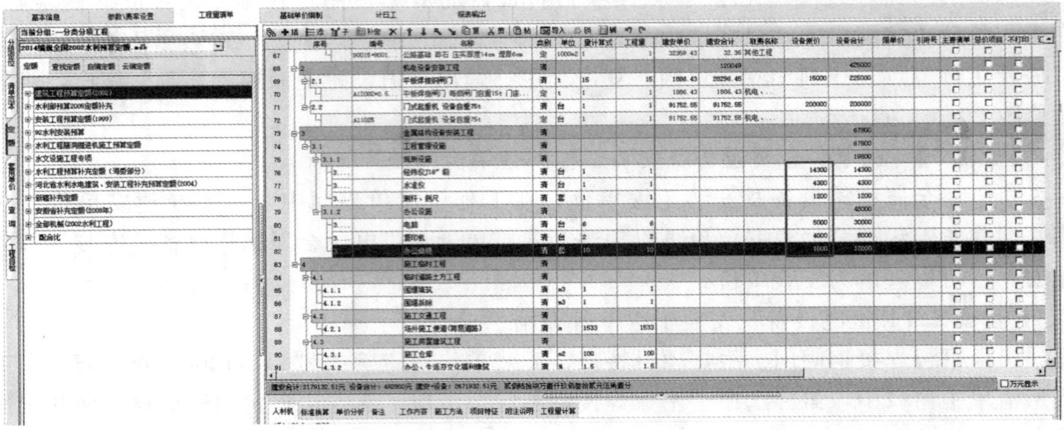

图 2.16

【步骤 6】 施工临时工程部分单价编制。

（1）围堰填筑。根据项目特征，此清单使用定额编号为 90002 的定额。在工程量清单主窗口中，鼠标选中“围堰填筑”清单，在左边框定额辅助窗口展开定额节点，找到 90002 定额，双击套用。

（2）围堰拆除。根据项目特征，此清单使用定额编号为 90005 的定额。在工程量清单主窗口中，鼠标选中“围堰拆除”清单，在左边框定额辅助窗口展开定额节点，找到 90005 定额，双击套用。

（3）场外施工便道（简易道路）。根据项目特征，此清单使用定额编号为 90022 的定额。在工程量清单主窗口中，鼠标选中“场外施工便道（简易道路）”清单，在左边框定额辅助窗口展开定额节点，找到 90022 定额，双击套用。

（4）施工仓库。根据项目特征，直接在建安单价，填写单价 200。

（5）办公、生活及文化福利建筑。选中办公、生活及文化福利建筑这一行，在右边框常用功能中，点击按%计算。弹出“选择计算基数”窗口，勾选“第一部分 建筑工程、第二部分 机电设备及安装工程、第三部分 金属结构设备及安装工程、围堰工程、施工交通工程、施工仓库”，同时需要在机电设备及安装工程、金属结构设备及安装工程后面勾选不含设备费，费率输入 1.5，点击确定，如图 2.17 所示。

（6）其他临时工程。选中其他临时工程这一行，在右边框常用功能中，点击按%计算。弹出“选择计算基数”窗口，勾选“第一部分 建筑工程、第二部分 机电设备及安装工程、第三部分 金属结构设备及安装工程、围堰工程、施工交通工程、施工房屋建筑工程”，同时需要在机电设备及安装工程、金属结构设备及安装工程后面勾选不含设备费，费率输入 0.8，点击确定，如图 2.18 所示。

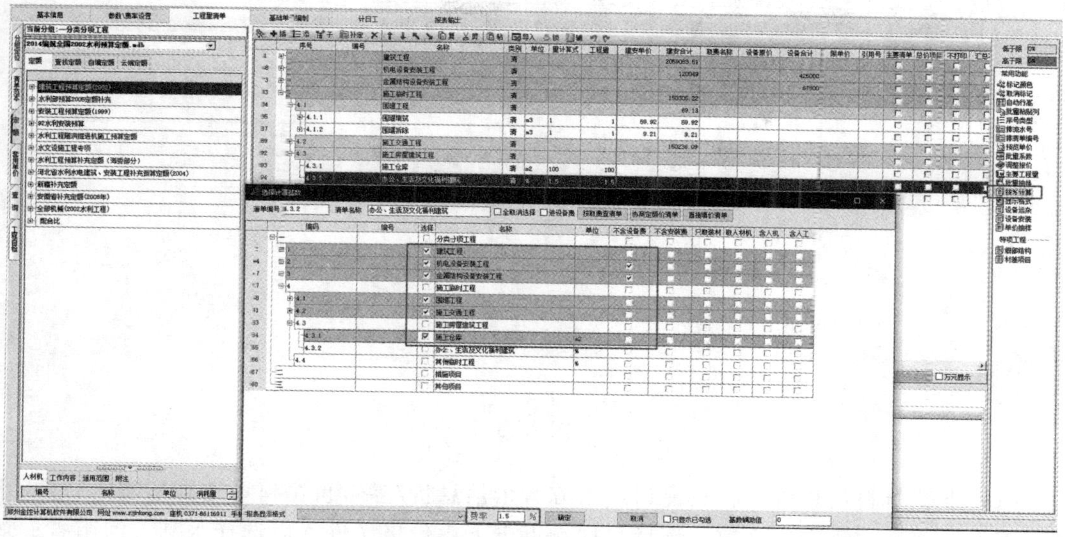

图 2.17

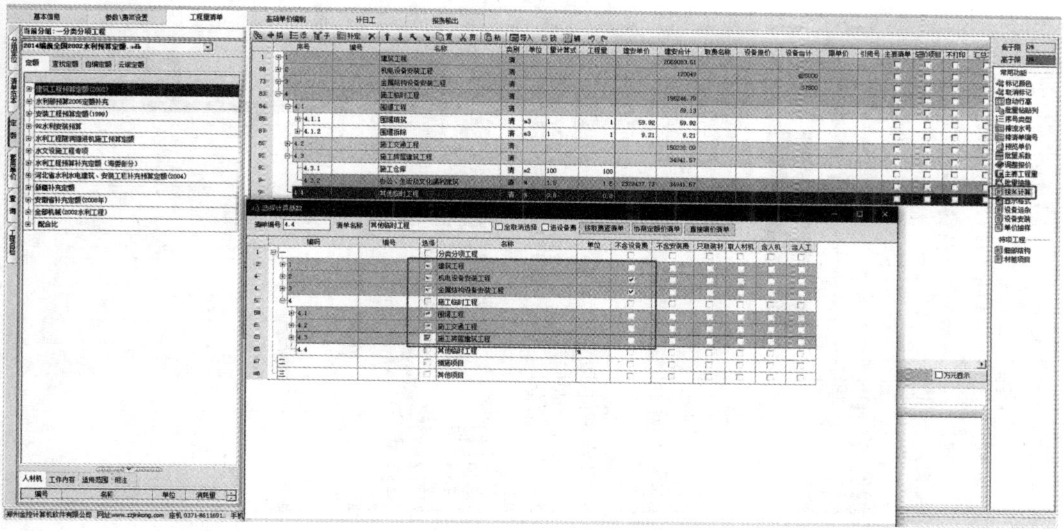

图 2.18

【步骤 7】 基础单价编制。

［步骤 7.1］人工单价编制。

在基础单价编制界面，第一个窗口是人工窗口，在这个窗口中，根据水总〔2014〕429 号，《水利工程设计概（估）算编制规定 工程部分》，并按工程性质填写到软件中，如图 2.19 所示。

［步骤 7.2］材料单价编制。

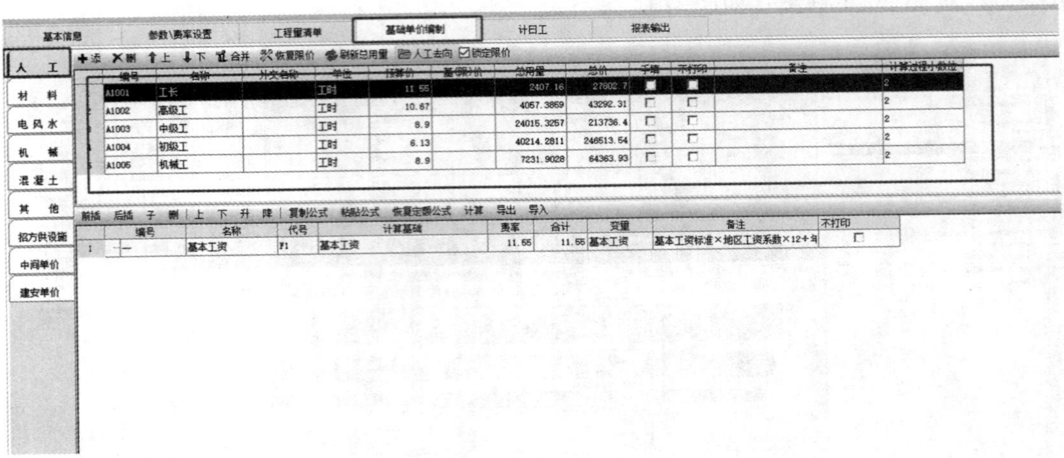

图 2.19

（1）下载材料信息价。材料窗口，下方有个信息价/参考价窗口，选择所需的行业-水利、省份、地市、年份、期数，选择完后，点击下载价格文件。以选择水利、河南省、郑州市、2021 年 1 月为例，点击下载，如图 2.20 所示。

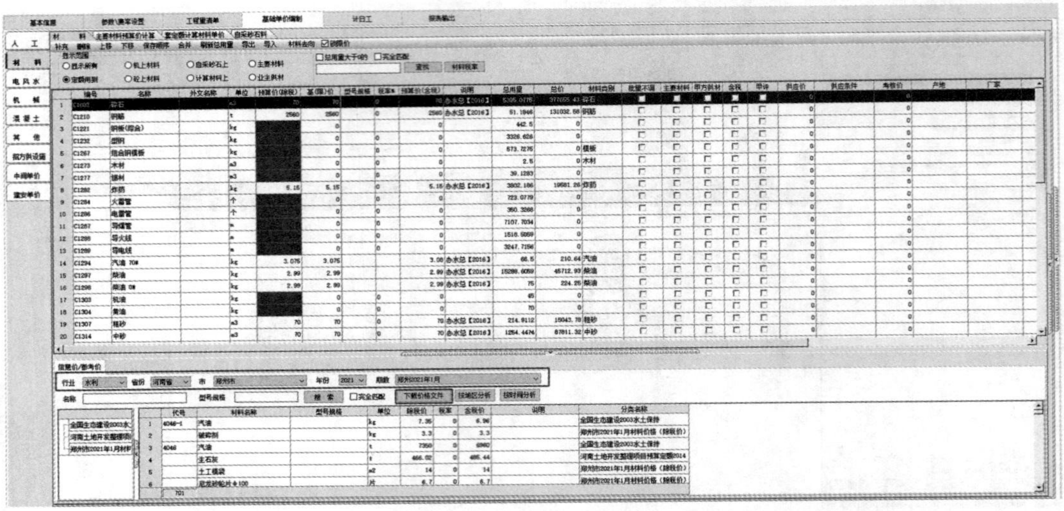

图 2.20

（2）导入材料信息价。在材料窗口，点击“导入”按钮，在右边框弹出的“打开信息价文件”对话框中点击“打开信息价文件”按钮，然后在弹出的“打开”对话框中，选择“水利．河南省．郑州市．2021.1 月”，点击打开就可以调取到“打开信息价文件”对话框，然后点击“应用到本工程”就可以把材料价格调取到材料预算价中，如图 2.21 所示。材料的预算价显示灰颜色的，即该材料价格为导入的信息价（图 2.22）。

（3）材料信息价中没有价格的材料。一些材料的价格，在信息价中是查询不到的。需

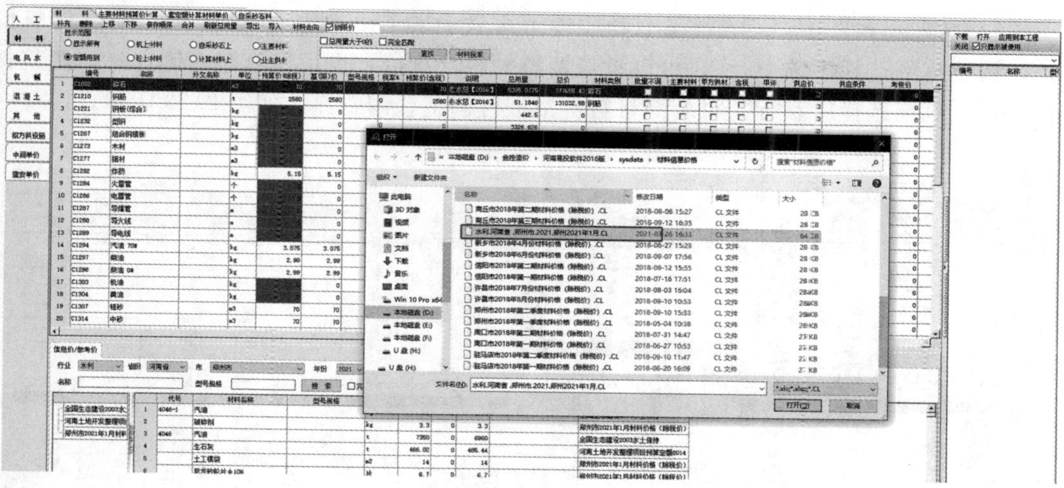

图 2.21

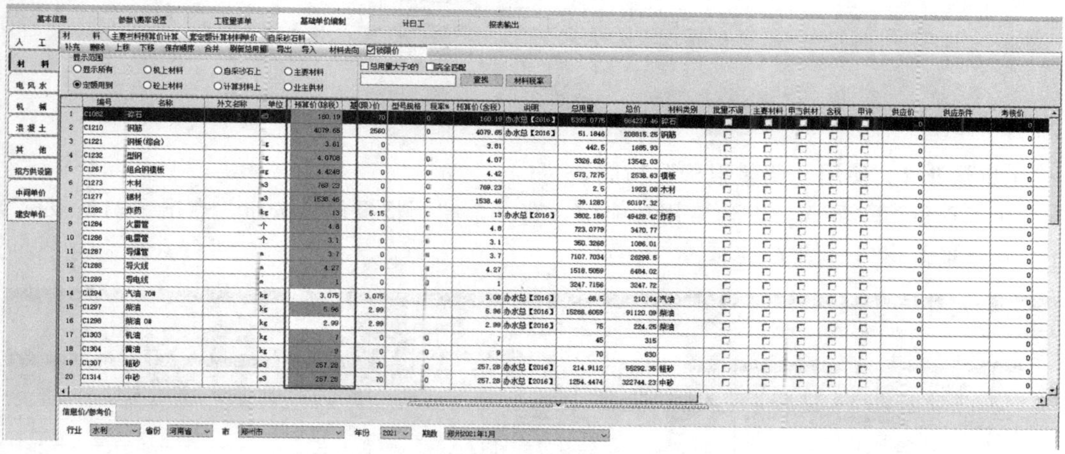

图 2.22

市场询价后，填写到预算价（除税）价中。

【步骤 8】 计日工编制。

在“计日工”窗口，有“添加人工”“添加材料”“添加机械”等按钮。制作投标文件时，一般可根据招标文件中的清单是否给出计日工项目来决定是否添加计日工项目。例如招标文件给出了计日工项目，做投标文件时也应添加相同的计日工项目。反之，若招标文件没有给出计日工项目，做投标文件时无需添加任何计日工项目。

【步骤 9】 造价调整。

[步骤 9.1] 修改材料预算价。

(1) 在基础单价编制界面“材料窗口”，直接修改材料预算价从而调整整体工程造价。

（2）在“材料”窗口，按 Shift/Ctrl 键可多选材料行，然后右键选择“调整材料价格”，调整范围选择“选中行”，可以批量调整材料预算价。也可以直接右键选择“调整材料价格”，范围选择所有行，对全部材料价格进行调整。调整界面如图 2.23 所示。

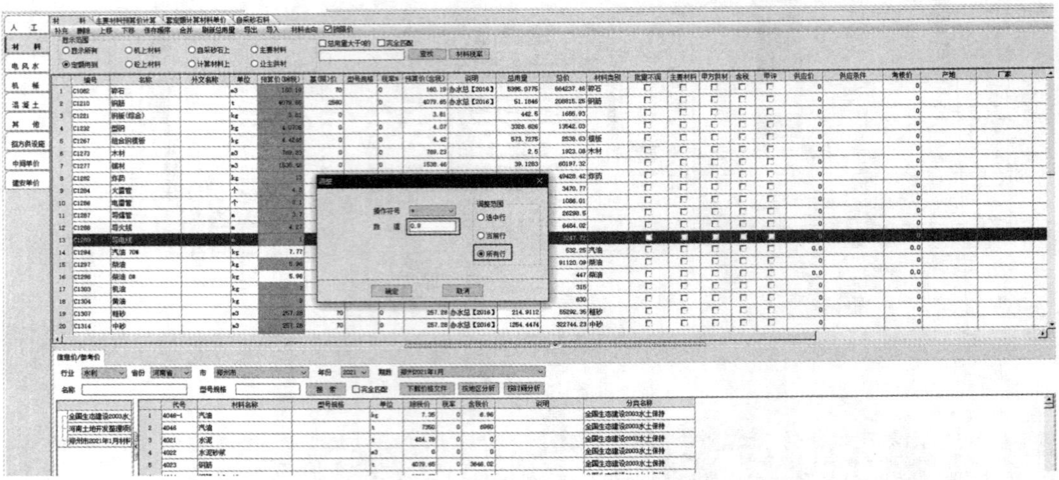

图 2.23

［**步骤 9.2**］使用“调整报价”功能。

在工程量清单界面，右边常用功能中，有一个“调整报价”按钮。点击“调整报价”，进入调整报价窗口（图 2.24）。

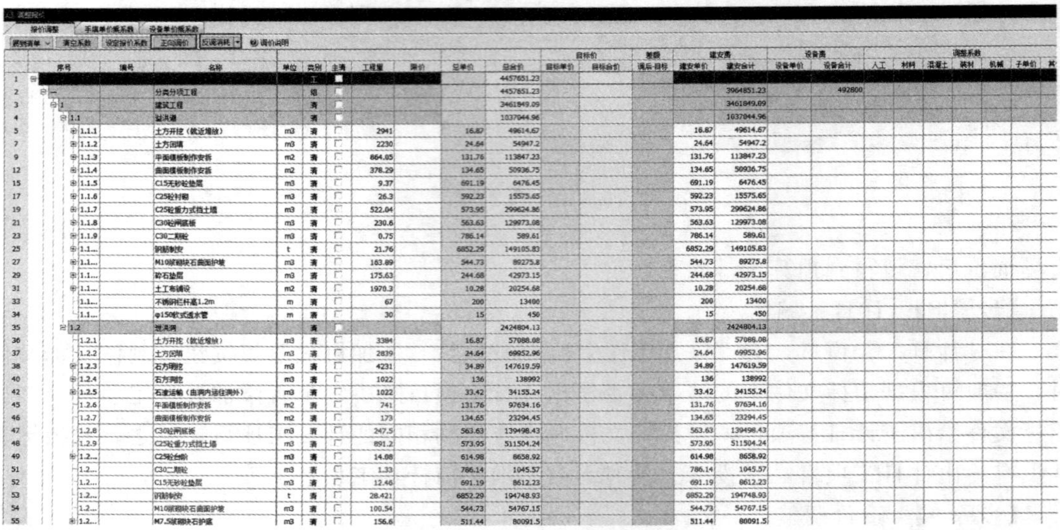

图 2.24

【正向调价】：需要调整某个或某部分清单，选中后，输入定额系数以后，点击正向调价按钮，按输入系数调价。

【反调消耗】：输入目标价以后，点击反调消耗，软件反算消耗量系数调价。

【手填单价乘系数】：将手填的单价乘系数调整。

【设备单价乘系数】：将机电、金属结构设备及安装工程部分中的设备单价调整。

【步骤 10】 报表输出。

[**步骤 10.1**] 勾选系统报表，添加到工程报表。

根据招标文件中要求，工程量清单报价表由以下表格组成：

13. 投标总价
14. 工程项目总价表
15. 分组工程量清单报价表
16. 计日工项目报价表
17. 工程单价汇总表
18. 工程单价费（税）率汇总表
19. 投标人生产电、风、水、砂石基础单价汇总表
20. 投标人生产混凝土配合比材料费表
21. 投标人自行采购主要材料预算价格汇总表
22. 投标人自备施工机械台时（班）费汇总表
23. 工程单价计算表
24. 人工费单价汇总表

在报表输出界面“系统报表”窗口选择投标报表-水利水电工程 2009 版标准，展开后，按招标文件中的要求，勾选所需报表，双击可预览报表。选择完后，点击勾选报表加到工程报表中。具体操作页面如图 2.25 所示。

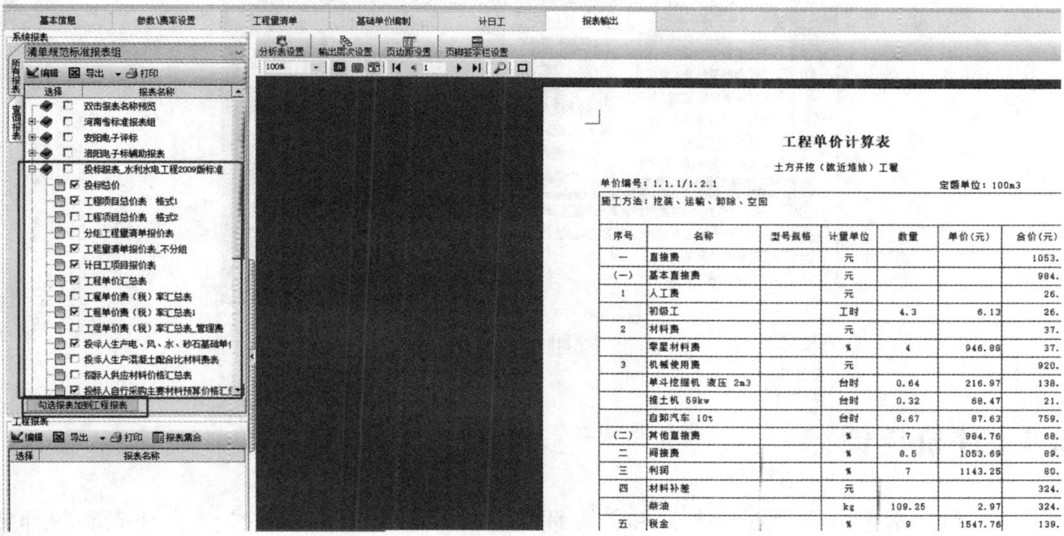

序号	名称	型号规格	计量单位	数量	单价(元)	合价(元)
一	直接费		元			1053.
(一)	基本直接费		元			984.
1	人工费		元			26.
	初级工		工时	4.3	6.13	26.
2	材料费		元			37.
	零星材料费		%	4	946.88	37.
3	机械使用费		元			920.
	单斗挖掘机 液压 2m3		台时	0.64	216.97	138.
	推土机 59kw		台时	0.32	68.47	21.
	自卸汽车 10t		台时	8.67	87.63	759.
(二)	其他直接费		%	7	984.76	68.
二	间接费		%	8.5	1053.69	89.
三	利润		%	7	1143.25	80.
四	材料补差		元			324.
	柴油		kg	109.25	2.97	324.
五	税金		%	9	1547.76	139.

图 2.25

［**步骤 10.2**］工程报表顺序的排序。

在“工程报表”窗口，点击右键有“上移”“下移”选项可以排列报表的顺序（图 2.26）。在“工程报表”窗口的表格顺序，即为导出后表格的顺序。

［**步骤 10.3**］报表组导出 Excel/Word/PDF 格式。

在“工程报表”窗口有一个“导出按钮”，“导出按钮”旁边有个下拉按钮，可以选择导出格式，默认导出格式为 Excel，需要 Word 格式或者 PDF 格式，点击下拉按钮，选择所需格式。点击“导出”按钮，选择保存位置、保存名称，完成投标文件商务标部分。

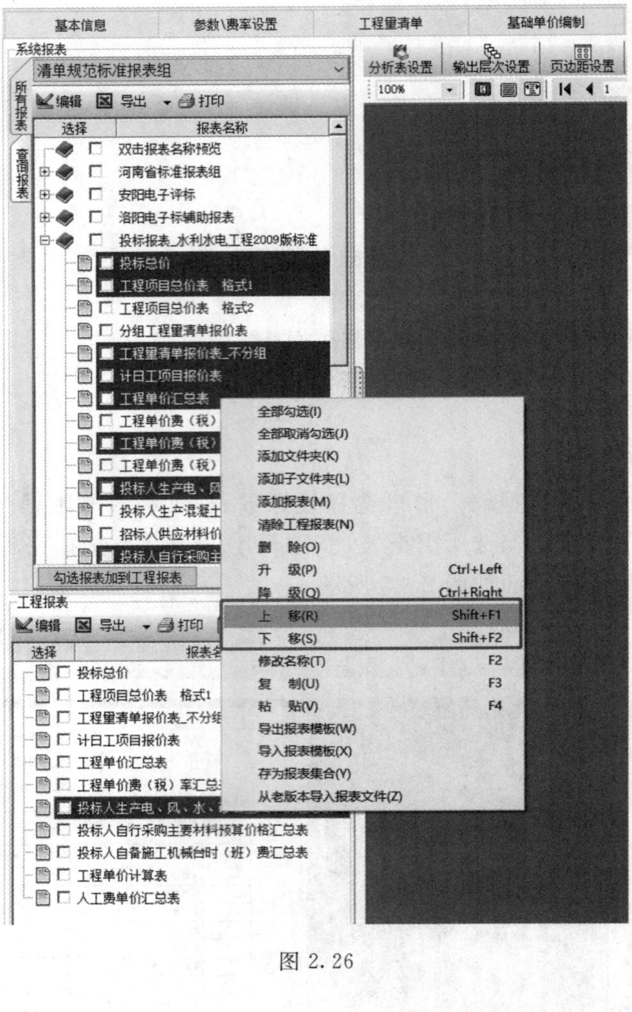

图 2.26

2.8　评价反馈

评价包括学生自评（占 50%）和教师评价（占 50%）两部分，学生自评表和教师评价表见表 2.2 和表 2.3。

表2.2 学生自评表

班级		姓名		学号	
学习任务2	水利工程投标文件编制				
评价项目	评价标准			分值	得分
导入清单	登录软件，熟练导入工程量清单			10	
分部分项工程量清单单价	编制建筑工程单价、机电、金属结构设备安装工程单价、施工临时工程清单单价			30	
人工、材料价格计算	人工、材料价格导入			20	
造价调整	调整水利工程工程量清单报价			20	
导出表格	导出水利工程工程量清单报价表			20	
	合计			100	

表2.3 教师评价表

班级		姓名		学号	
学习任务2	水利工程投标文件编制				
评价项目	评价标准			分值	得分
平时表现	出勤、课堂表现			40	
成果评价	生成水利工程工程量清单报价表			60	
	合计			100	

2.9 相关知识点

2.9.1 水利工程工程量清单

工程量清单由分类分项工程量清单、措施项目清单、其他项目清单和零星工作项目清单组成。

2.9.1.1 分类分项工程量清单

分类分项工程量清单应包括序号、项目编码、项目名称、计量单位、工程数量、主要技术条款编码和备注。分类分项工程量清单应根据《水利工程工程量清单计价规范》(GB 50501—2007) 规定的项目编码、项目名称、主要项目特征、计量单位、工程量计算规则、主要工作内容和一般适用范围进行编制。具体要求如下。

(1) 项目编码。项目编码采用十二位阿拉伯数字表示(由左至右计位)。一至九位为统一编码，其中，一、二位为水利工程顺序码，三、四位为专业工程顺序码，五、六位为分类工程顺序码，七、八、九位为分项工程顺序码，十至十二位为清单项目名称顺序码。建筑工程工程量清单项目自 001 起顺序编制。例如一般石方开挖的项目编号为 500102001001。

(2) 分项目名称。项目名称应根据主要项目特征并结合招标工程的实际确定。

(3) 计量单位。应按规定的计量单位确定。

(4) 工程数量。工程数量应根据合同技术条款计量和支付规定计算。工程数量的有效位数应遵守下列规定：以“立方米”“平方米”“米”“公斤”“个”“项”“根”“块”“组”“面”“只”“相”“站”“孔”“束”为单位的，应取整数；以“吨”“公里”为单位的，应保留小数点后2位数字，第3位数字四舍五入。

2.9.1.2 措施项目清单

措施项目指为完成工程项目施工，发生于该工程施工前和施工过程中招标人不要求列示工程量的施工措施项目。措施项目清单，主要包括环境保护、文明施工、安全防护措施、小型临时工程、施工企业进退场费、大型施工设备安拆费等，应根据招标工程的具体情况编制。

2.9.1.3 其他项目清单

其他项目指为完成工程项目施工，发生于该工程施工过程中招标人要求计列的费用项目。其他项目清单列暂列金额一项，指招标人为暂定项目和可能发生的合同变更而预留的金额，一般可取分类分项工程项目和措施项目合价的5%。

2.9.1.4 零星工作项目清单

零星工作项目指完成招标人提出的零星工作项目所需的人工、材料、机械单价，也称“计日工”。

零星工作项目清单，编制人应根据招标工程具体情况，对工程实施过程中可能发生的变更或新增加的零星项目，列出人工（按工种）、材料（按名称和规格型号）、机械（按名称和规格型号）的计量单位，并随工程量清单发至投标人。

2.9.1.5 工程量清单格式

工程量清单应根据《水利工程工程量清单计价规范》（GB 50501—2007）（以下简称《计价规范》），采用统一格式。工程量清单格式应由下列内容组成：

（1）封面。

（2）填表须知。

（3）总说明。

（4）分类分项工程量清单。

（5）措施项目清单。

（6）其他项目清单。

（7）零星工作项目清单。

（8）其他辅助表格。

1）招标人供应材料价格表。

2）招标人提供施工设备表。

3）招标人提供施工设施表。

2.9.1.6 工程量清单格式填写规定

（1）工程量清单应由招标人编制。

（2）填表须知需符合《计价规范》的规定，未规定的，招标人可根据具体情况进行补充。

（3）总说明填写。

1）招标工程概况。

2）工程招标范围。

3）招标人供应的材料、施工设备、施工设施简要说明。

4）其他需要说明的问题。

（4）分类分项工程量清单填写：

1）项目编码，按《计价规范》规定填写，规范附录A和附录B中项目编码以×××表示的十至十二位由编制人自001起顺序编码。

2）项目名称，根据招标项目规模和范围、《计价规范》附录A和附录B的项目名称，参照行业有关规定，并结合工程实际情况设置。

3）计量单位的选用和工程量的计算应符合《计价规范》附录A和附录B的规定。

4）主要技术条款编码，按招标文件中相应技术条款的编码填写。

（5）措施项目清单填写。按招标文件确定的措施项目名称填写。凡能列出工程数量并按单价结算的措施项目，均应列入分类分项工程量清单。

（6）其他项目清单填写。按招标文件确定的其他项目名称、金额填写。

（7）零星工作项目清单填写：

1）名称及规格型号分别填写：人工按工种，材料按名称和规格型号，机械按名称和规格型号。

2）计量单位分别填写：人工以工日或工时，材料以t、m^3等，机械以台时或台班。

（8）招标人供应材料价格表填写。按表中材料名称、型号规格、计量单位和供应价填写，并在供应条件和备注栏内说明材料供应的边界条件。

（9）招标人提供施工设备表填写。按表中设备名称、型号规格、设备状况、设备所在地点、计量单位、数量和折旧费填写，并在备注栏内说明对投标人使用施工设备的要求。

（10）招标人提供施工设施表填写。按表中项目名称、计量单位和数量填写，并在备注栏内说明投标人使用施工设施的要求。

2.9.2 工程量清单报价编制

2.9.2.1 水利工程工程量清单计价编制要求

工程量清单计价应包括按招标文件规定完成工程量清单所列项目的全部费用，包括分类分项工程费、措施项目费和其他项目费。分类分项工程量清单计价应采用工程单价计价。分类分项工程量清单的工程单价，应根据《计价规范》规定的工程单价组成内容，按招标设计文件、图纸、附录A和附录B中的“主要工作内容”确定，除另有规定外，对有效工程量以外的超挖、超填工程量，施工附加量，加工、运输损耗量等所消耗的人工、材料和机械费用，均应摊入相应有效工程量的工程单价之内。

措施项目清单的金额，应根据招标文件的要求以及工程的施工方案或施工组织设计，以每一项措施项目为单位，按项计价。

其他项目清单由招标人按估算金额确定。零星工作项目清单的单价由投标人确定。

按照招标文件的规定，根据招标项目涵盖的内容，投标人一般应编制以下基础单价，作为编制分类分项工程单价的依据：

（1）人工费单价。

（2）主要材料预算价格。

（3）电、风、水单价。

（4）砂石料单价。

（5）块石、料石单价。

（6）混凝土配合比材料费。

（7）施工机械台时（班）费。

招标工程如设标底，标底应根据招标文件中的工程量清单和有关要求、施工现场情况、合理的施工方案、工程单价组成内容、社会平均生产力水平、按市场价格进行编制。

投标报价应根据招标文件中的工程量清单和有关要求、施工现场情况，以及拟定的施工方案，依据企业定额，按市场价格进行编制。

工程量清单的合同结算工程量，除另有约定外，应按《计价规范》及合同文件约定的有效工程量进行计算。合同履行过程中需要变更工程单价时，按该规范和合同约定的变更处理程序办理。

2.9.2.2　水利工程工程量清单报价表组成

工程量清单报价表由以下表格组成：

（1）投标总价。

（2）工程项目总价表。

（3）分类分项工程量清单计价表。

（4）措施项目清单计价表。

（5）其他项目清单计价表。

（6）计日工项目计价表。

（7）工程单价汇总表。

（8）工程单价费（税）率汇总表。

（9）投标人生产电、风、水、砂石基础单价汇总表。

（10）投标人生产混凝土配合比材料费表。

（11）招标人供应材料价格汇总表（若招标人提供）。

（12）投标人自行采购主要材料预算价格汇总表。

（13）招标人提供施工机械台时（班）费汇总表（若招标人提供）。

（14）投标人自备施工机械台时（班）费汇总表。

（15）总价项目分类分项工程分解表。

（16）工程单价计算表。

（17）人工费单价汇总表。

具体表格格式见《计价规范》。

2.9.2.3　工程量清单报价表填写规定

（1）除招标文件另有规定外，投标人不得随意增加、删除或涂改招标文件工程量清单中的任何内容。工程量清单中列明的所有需要填写的单价和合价，投标人均应填写；未填写的单价和合价，视为已包括在工程量清单的其他单价和合价中。

（2）工程量清单中的工程单价是完成工程量清单中一个质量合格的规定计量单位项目所需的直接费（包括人工费、材料费、机械使用费和季节、夜间、高原、风沙等原因增加的直接费）、施工管理费、企业利润和税金，并考虑风险因素。投标人应根据规定的工程单价组成内容，按招标文件和《计价规范》的“主要工作内容”确定工程单价。除另有规定外，对有效工程量以外的超挖、超填工程量，施工附加量，加工、运输损耗量等，所消耗的人工、材料和机械费用，均应摊入相应有效工程量的工程单价内。

（3）投标金额（价格）均应以人民币表示。

（4）投标总价应按工程项目总价表合计金额填写。

（5）工程项目总价表中一级项目名称按招标文件工程项目总价表中的相应名称填写，并按分类分项工程量清单计价表中相应项目合计金额填写。

（6）分类分项工程量清单计价表中的序号、项目编码、项目名称、计量单位、工程数量和合同技术条款章节号，按招标文件分类分项工程量清单计价表中的相应内容填写，并填写相应项目的单价和合价。

（7）措施项目清单计价表中的序号、项目名称按招标文件措施项目清单计价表中的相应内容填写，并填写相应措施项目的金额和合计金额。

（8）其他项目清单计价表中的序号、项目名称、金额，按招标文件其他项目清单计价表中的相应内容填写。

（9）计日工项目计价表的序号、人工、材料、机械的名称、型号规格以及计量单位，按招标文件计日工项目计价表中的相应内容填写，并填写相应项目单价。

（10）工程单价汇总表，按工程单价计算表中的相应内容、价格（费率）填写。

（11）工程单价费（税）率汇总表，按工程单价计算表中的相应内容、费（税）率填写。

（12）投标人生产电、风、水、砂石基础单价汇总表，按基础单价分析计算成果的相应内容、价格填写，并附相应基础单价的分析计算书。

（13）投标人生产混凝土配合比材料费表，按表中工程部位、混凝土强度等级（附抗渗、抗冻等级）、水泥强度等级、级配、水灰比、相应材料用量和单价填写，填写的单价必须与工程单价计算表中采用的相应混凝土材料单价一致。

（14）招标人供应材料价格汇总表，按招标人供应的材料名称、型号规格、计量单位和供应价填写，并填写经分析计算后的相应材料预算价格，填写的预算价格必须与工程单价计算表中采用的相应材料预算价格一致（若招标人提供）。

（15）投标人自行采购主要材料预算价格汇总表，按表中的序号、材料名称、型号规格、计量单位和预算价填写，填写的预算价必须与工程单价计算表中采用的相应材料预算价格一致。

（16）招标人提供施工机械台时（班）费汇总表，按招标人提供的机械名称、型号规格和招标人收取的台时（班）折旧费填写，投标人填写的台时（班）费用合计金额必须与工程单价计算表中相应的施工机械台时（班）费单价一致（若招标人提供）。

（17）投标人自备施工机械台时（班）费汇总表，按表中的序号、机械名称、型号规格、一类费用和二类费用填写，填写的台时（班）费合计金额必须与工程单价计算表中相应的施工机械台时（班）费单价一致。

（18）投标人应参照分类分项工程量清单计价表格式编制总价项目分类分项工程分解表，每个总价项目分类分项工程一份。

（19）投标金额大于或等于投标总标价万分之五的工程项目，必须编报工程单价计算表。工程单价计算表，按表中的施工方法、序号、名称、型号规格、计量单位、数量、单价、合价填写，填写的人工、材料和机械等基础价格，必须与人工费价汇总表、基础材料单价汇总表、主要材料预算价格汇总表及施工机械台时（班）费汇总表中的单价相一致，填写的施工管理费、企业利润和税金等费（税）率必须与工程单价费（税）率汇总表中的费（税）率相一致。

（20）人工费单价汇总表应按人工费单价计算表的内容、价格填写，并附相应的人工费单价计算表。

2.9.2.4　工程量清单分组计价格式

根据《水利水电工程施工合同和招标文件示范文本》（GF－2000－0208），工程量清单报价表由以下表格组成：

（1）投标总价。

（2）工程项目总价表。

（3）分组工程量清单报价表。

（4）计日工项目报价表。

（5）工程单价汇总表。

（6）工程单价费（税）率汇总表。

（7）投标人生产电、风、水、砂石基础单价汇总表。

（8）投标人生产混凝土配合比材料费表。

（9）招标人供应材料价格汇总表（若招标人提供）。

（10）投标人自行采购主要材料预算价格汇总表。

（11）招标人提供施工机械台时（班）费汇总表（若招标人提供）。

（12）投标人自备施工机械台时（班）费汇总表。

（13）总价项目分解表。

（14）工程单价计算表。

（15）人工费单价汇总表。